# Rethink Internet：インターネット再考

第1四半世紀から第2四半世紀へ

高橋 幸治

現代図書

# はじめに

本書は二〇一六年九月から二〇一八年四月までの約一年半の間に「ZDNet Japan」（朝日インタラクティブ株式会社運営）に掲載された連載「Rethink Internet：インターネット再考」全十五回のうち十四本の原稿に加筆修正を施したものである。ほかにも、二〇一八年二月から「ビジネス＋ＩＴ」（ＳＢクリエイティブ株式会社運営）に連載している記事の中から本書の趣旨に合致する原稿を四本を選び、やはりブラッシュアップを加えて収録した。

タイトルや見出しに関してもＷｅｂでの発表時はとかく直近のタイムリーな出来事などに寄せたものになっていたが、本書に収録するに際してより普遍性を持つものに差し替えている。また、書籍化するにあたり章立てを行ったりした都合上、掲載された順番にはあえてこだわらず、本書の構成を第一義として再編集した。

それにしても二〇一六年に「果たして私たちはインターネットの可能性を引き出し切れているのだろうか？」「インターネット二十五年の歴史の中で見失いかけているもの、等閑に付してきたもの、いまだ実現に至っていないものなどをつぶさに検証しながら、私たちは第２四半世紀に向けてのポジティブなヴィジョンを愚直に探求し続けなければならないだろう」という問題意識のもとに書き始めた漠然とした思索の断片であったが、昨年あたりから急速に、同様の危機意識に裏打ちされた具体的なムーブメントが各所に現れ始めているように思われる。

その最大のものは、ほかでもない、二〇一八年五月から施行されている「ＥＵ一般データ保護規則（General Data Protection Regulation）」（以下、ＧＤＰＲ）であろう。もちろんこの「欧州バージョンの新しいインターネットの提案」と言ってもよい同法を扱った記事も一編採録しているが、施行後ようやく一年を経過した現在では、まだまだ万人にとって明らかな影響や結果というものは見えてきていない。

しかし、ＥＵにおいては今後もＧＤＰＲに付随もしくは関連するさまざまなルールが制定されることは必定で、アメリカの「liberty」（自由）優先主義に対してヨーロッパの「dignity」（尊厳）至上主義からどんなヴィジョンが生まれてくるのか、インターネットという共有財を日々使用している日本の私たちにとっても要注目である。実際、加筆修正作業を行っていた二〇一九年三月二十六日には、インターネット上の著作権保護強化を目的とした修正法案が欧州議会によって可決された。

こうした欧州の動向に対して、世間的にはインターネットのこれまでの自由が侵害されるとして反対の意を表明する声のほうが多いように見受けられるが、その前提となる自由なるものの定義も含めて、私たちは自らを取り巻くデジタル情報環境の来し方行く末をもう一度考え直さなければならない時期に差し掛かっていることは紛れもない事実だろう。読者の皆さんにおいては、本書がそうした「再考」の手掛かりのひとつになれば幸いである。

第1章「インターネット第1四半世紀から第2四半世紀へ」では、この本の通奏低音となる〝外部的には環境化され、内部的には血肉化された〟インターネットの変異の様相をテーマとしている。一九九一年に世界で最初のWebページが公開されて今年で二十八年。一般ユーザーの商用利用に関しては米国では一九八八年、日本では一九九二年に実現されているから、インターネットはおおよそ第一の四半世紀を終え、第二の四半世紀へと突入しているということになる。

画期的かつ革命的な新規のテクノロジーとして私たちの社会や生活の中に入り込み始めた黎明期から二十五年の時を経て、インターネットはもはや私たちと分離不可能なまでに絡み合い、混り合い、溶け合い始めている。第2四半世紀のステージへと進んだインターネットという地球規模の情報網は、今後、政治/経済/社会/文化/芸術のあらゆる側面においてこれまでとは比べものにならないほど強度と深度を増大させ、同時にその存在をほとんど意識されなくなっていくだろう。なぜなら、インターネットはすでに私たちの〝環境〟であり〝血肉〟となりつつあるからである。

第2章「過渡期における諸問題」では、インターネット第1四半世紀から第2四半世紀への切り替わりの時期に顕在化した問題、はっきりとは捉えられないけれども確かに蠢いている問題、もう一度これまでとは異なる角度から眺め直してみる必要のある問題を取り上げる。第3章「インターネットイメージの刷新」では、旧来の手法が通用しない新種の課題に対峙するためのひとつの方策として、私たちが第1四半世紀の間にずっと使用してきたインターネットイメージの想い描き直しを試みる。第2第3の両章はいずれも「インターネット再考」のための具体的かつ実験的な、不可欠の作業と言えるだろう。凝り固まり、柔軟さを欠き、こわばった想像力からは新たな世界を見通す方法は生まれてこない。

第4章「イノベーションのための新たなパースペクティブ」では、結論とまでは言わないまでも、インターネット第1四半世紀とは断絶した地層をなすインターネット第2四半世紀において必要となるであろう視座と視点をいくつか提出している。それは決して真新しいものではないが、インターネットが人口に膾炙し、予想をはるかに超えた規模と速度をもって成長する過程で、私たちがいつの間にか忘却してしまった本質的かつ根本的なものである。そうした原理もしくは理念を愚直に〝再考〟することにより、ようやく、第2四半世紀のインターネットを思考したり検証したり議論したりするための扉は開かれる。

あたかも山や川、海、森といった自然環境と同じように私たちを取り巻いている情報環境……。それは第2四半世紀のインターネットにおいていよいよ人間とのシンクロ率を高めていくだろう。それを否定したり拒絶したりすることなどもはやできない私たちは、いまこそ、森林の木々を保全するように、海洋を汚染から保護するように、インターネットという第二の自然の環境問題にしっかりと目を向けなければならない。そこから情報という名の資源を採掘し、産業を興し、富を交換／分配し、生活を営んでいくのは誰あろう私たち自身なのだから。

目次

## 第3章　インターネットイメージの刷新

# 第1章

# インターネット第1四半世紀から
# 第2四半世紀へ

# インターネットの次なる四半世紀に必要な「三つのエコロジー」

## インターネットはもう第2四半世紀の段階に突入している

人間は時代の大きな変化の只中に身を置いているとき、まさにいま自分が巻き込まれようとしている激流の本質や詳細を正確には把握できない。というより、ある特定の期間にリアルタイムで感じ取っていた時代の雰囲気と、一定の時間が過ぎ去った後、総括として描出した時代の全体像とは、当然のことながらかなり異なると言うべきかもしれない。

例えば一九六〇年代がどんな時代であったか、一九八〇年代がどんな時代であったか、「平成」という30年がどんな時代であったかは、それぞれの時代を特徴づけた何らかの社会的／経済的／文化的な傾向が退潮し、これまでとは違った新たな徴候が現れ始めたとき事後的に語り得るものである。

米国においてインターネットの商用利用が開始されたのは一九八八年、日本では米国に遅れること四年の一九九二年に一般ユーザー向けのサービスがスタートしている。〝インターネットの歴史〟という厳密な観点から見れば、アメリカ国防総省高等研究計画局が一九六九年に導入した「ARPANET」（Advanced

Research Projects Agency Network）がインターネットの起源であり、その誕生であるという指摘もあるかもしれないが、万人に向けて平等にこの新しいテクノロジーが開放されたタイミングを人間と情報との関係における決定的な転換点と考えるほうが妥当だろう。

特に欧州原子核研究機構（CERN）のティム・バーナーズ＝リーが構想したハイパーテキストシステム「World Wide Web」が利用可能になった一九九一年八月六日は、今日のインターネットの普及と発展にとって極めて重要な起点であり（ハイパーテキストの概念自体はヴァネヴァー・ヴッシュ、ダグラス・エンゲルバート、テッド・ネルソンといった人々によって以前から提唱されていたものではあるが）、二〇一六年はそのＷＷＷ誕生からちょうど二十五周年にあたっていた。事実上、約四半世紀前のこの日から人類史上においても特筆すべき情報爆発が始まったと言っていい。ちなみにＣＥＲＮのＷｅｂサイトでは、世界で初めて公開された当時のＷｅｂページの復元を現在も閲覧することができる。

四半世紀という時間の堆積はもはや考察の対象となり得る〝歴史〟と呼んでも差し支えなく、その間、さまざまな技術の隆盛と衰退、さまざまな企業の成功と失敗が繰り返されてきたのは周知の通りだろう。そして現在、私たちはこれまで通過してきたインターネットの最初の二十五年＝第１四半世紀を振り返り、これからの二十五年＝第２四半世紀へと向かうための入り口に立っている。

冒頭述べたように、日々積み重なった時間の地層を過去として把捉できるということは、すでに時代の潮目が変化しつつあるということであり、私たちの存在を含めた時代の諸相が、従来とは異なる新たなステージにシフトし始めているということでもある。いま私たちはこの断層の狭間に立ち会っていて、過去を検証の材料として未来の下地を形成しなければならない極めて重要な地点に居合わせていると言っていいだろう。

## GoogleやAmazon、Appleが変えた本当のものとは何か?

いまでも時折「Before Internet」「After Internet」という表現が使われることがあるけれども、確かに私たちはインターネット以前の社会がどんな風景だったのか、人々の感覚がどんな様態だったのか、もはやはっきりと思い出すことなどできない。ならば、インターネット以降の事柄ならば明確に記憶しているのかと言えばそんなこともなく、一九九〇年代初頭の黎明期のことはもちろん、二〇〇〇年代初頭のSNS登場以前のことでさえおぼろげにしか振り返れないだろう。

つまり、「After Internet」の四半世紀ですらいくつもの段階と断絶を内包しており、とてもではないが、その二十五年を単線的な連続性において語ることは不可能であると言っていい。インターネット登場以降の人間と情報との関係の変質は人々の日常生活における利便性や簡便性の向上といったレベルだけでなく、私たちの思考方法や行動様式、感性、感覚、価値観、幸福感の変容にまで及んでいて、その結果として、人間の創造活動や経済活動に決定的な大変革をもたらした。

それらの因果関係は二十五年という時間の経過の中であまりにも複雑かつ多岐にわたって絡み合っているため、どんなテクノロジーがいつのタイミングで人間のどこの部分を変えたのか、その余波として何がいつどう社会や産業を変えたのか……明快な答えを出すことは難しい。「オープン」「フリー」「シェア」などといった概念にしても、一九九〇年代初頭にはほとんどの人たちが理解できなかった。しかし、いまや文化／経済、人間関係のあらゆる側面にそうした観念は深く根付いている。

メディア論の泰斗マーシャル・マクルーハンはその主著『メディア論』（みすず書房）の中で、新しい技術が人間と社会にもたらす影響のプロセスについて以下のように記している。

われわれは、新しい技術とメディアによって、自分自身を増幅し拡張する。そういうメディアや技術は、防腐処理などまったくおかまいなしに、社会という身体に加えられる大規模な集団的な外科手術のようなものだ。もし手術が必要ならば、手術中に組織全体がどうしても影響を受ける。このことは考慮しなければならないことだ。新しい技術でもって社会に手術を施すとき、いちばん影響を受けるのは切開された部分ではないからである。切開によって衝撃を受ける個所は麻痺する。変化を受けるのは組織全体なのだ。ラジオの効果は視覚に及び、写真の効果は聴覚に及ぶ。新しい衝撃はどれもが感覚全体のあいだの比率を変化させる。

Ｇｏｏｇｌｅは検索によって情報へのアクセスを迅速化したわけではなく、情報産業の定義／形態／規模を変えた。Ａｍａｚｏｎは手軽に買い物を楽しめるようにしたわけではなく、商品購入に際しての決断要因を変えた。Ａｐｐｌｅはパソコンに匹敵する便利な電話を開発したわけでなく、人間の思考と行動のパターン、そして身振りや手振りまでをも変えたのだ。

## 環境化したインターネット、血肉化したインターネット

四半世紀という時の流れは、人間にとってのインターネットを外部的には環境化し、内部的には血肉化した。「デジタルネイチャー」とはよく言ったもので、インターネットがもたらす情報世界はもはや私たちの自然であり、生身の身体とも決して切り離すことのできない強度と深度で同期している。

従って、来るべき次の二十五年にはインターネットは私たちの意識の後景にどんどん退いていくだろう。森や海に抱かれつつ自らの生命が維持されていることにとりたてて驚きを感じないように、私たちは自ら

が利用している道具、享受している娯楽がインターネットを介して実現されていることをほとんど知覚しなくなる。

同時に、それらのサービスが私たちの生活のあらゆる場面でインターネットを通して吸い上げられた行動履歴や身体情報をもとに生成されていることにも思い致すことがなくなるだろう。実際、街中で高精度なＧＰＳによる位置情報をもとにしたスマホゲームに興じている人々は、ほとんど、いや、まったくインターネットというテクノロジーの存在を意識していないに違いない。

第２四半世紀のインターネットを暗示するこうした傾向に対して、ＷＷＷの生みの親であるティム・バーナーズ＝リーは数年前からさまざまな場所で警告を発している。例えば二〇一六年六月八日から九日にかけてサンフランシスコで開催された「Decentralized Web Summit」（分散型Ｗｅｂサミット）において同氏は「Re-decentralizing the web」（Ｗｅｂの再‐分散化）というタイトルの基調講演を行い、「現代のＷｅｂは人々が閲覧するものをコントロールし、どのように影響を及ぼし合うかについての仕組みを作り出します。それはそれで素晴らしいことですが、同時に、ユーザーをスパイのように追跡し、サイトを閲覧不能にし、ユーザーのコンテンツを再利用し、あなたを間違ったＷｅｂサイトへと誘導します。それは、人々の創造を支援するというＷｅｂの精神を完全に損なうものと言えるでしょう」と述べ、「Ｗｅｂは最初から分散化されています。問題なのは特定の検索エンジンや特定のＳＮＳなどの独占的な支配構造です。私たちが抱えているのは技術的な問題ではなく、社会的な問題なのです」と語った。

「Ｗｅｂの父」とも呼ばれる人物のこの警鐘的発言は世界中の多くのメディアで取り上げられ、大きな衝撃と共に多くの話題を集めた。「The New York Times」が上述のニュースを報じた際、「The Web's Creator Looks to Reinvent It.」（Ｗｅｂの発明者はそれを作り直そうとしているようだ）というタイトルを付けたのは、まさに現在のインターネットに付帯する危機感と、その再創造の必要性を的確に表現したものだと言えるだろう。

私たちの環境となり、私たちの血肉となったインターネット……。そこから派生する新しい可能性と危険性……。私たちはインターネット第２四半世紀の様態に適合した新しい認識や省察のフレームを持たなければならないのかもしれない。

フランスの精神分析医であり思想家／活動家でもあったフェリックス・ガタリは、『三つのエコロジー』（平凡社ライブラリー）という短いエッセイの中で、私たちを取り巻く環境の問題について以下のように書いている。


政治団体や行政機関にはこの問題が全体としてどのような帰結にいたるかを把握する能力がまったくないようにみえる。政治団体や行政機関はわれわれの社会の自然環境をおびやかすもっとも顕著な危険について、最近ようやく部分的に自覚しはじめたけれども、一般に産業公害の領域に――しかもテクノクラート的な見方だけから――アプローチすることで事足れりとしているのである。しかし、わたしがエコゾフィーと呼ぶところの、三つのエコロジー的な作用領域――すなわち環境と社会的諸関係と人間的主観性という三つの作用領域――の倫理‐政治的な結合だけが、この問題にそれ相応の照明をあてることができるのではないかと思われる。

## フェリックス・ガタリが提唱した「エコゾフィー」の思想

ガタリの「三つのエコロジー」は直接インターネットなどの技術に言及したものではないけれども、先に記した「インターネットがもたらす情報世界はもはや私たちの自然であり、生身の身体とも決して切り離すことのできない強度と深度で同期している」という本稿の文脈に沿って考えると、非常に重要な示唆を含んでいるように思われる。

第１四半世紀のインターネットとは異なり、第２四半世紀のインターネットは、既存の社会基盤や経済基盤、さらに言うと既存の人間観を前提に分析したり考察したり予測したりすることはできず、環境／社会／人間という三つの要素を横断するような視座でしか捉えられないのではないか？

ＡＩ（Artificial Intelligence＝人工知能）などと融合しながら多様な変異を遂げるであろうインターネットという情報環境、そして、そこから生み出される新たな経済や新たな規範と共に変容する社会、それらに影響を受け、影響を与え、自らの概念を更新し続ける人間……。

今後はこれらを有機的な連関を持つひとつの生態系として、総合的に眺め渡していく姿勢が必要になるはずである。昨今よく指摘されるＳＮＳの相互監視的な息苦しさひとつとっても、社会における多様性への不寛容とセットで考える必要があるだろうし、氾濫する洪水のような情報に対するストレスも、環境と人間との関係におけるエコロジー的な視点から再考／熟考していかなければならないだろう。

前段で引用したガタリの思想は「Ecology＝生態学」と「Philosophy＝哲学」の合成語である「エコゾフィー」という概念に裏打ちされたものだが、『三つのエコロジー』に収められている『エコゾフィーの展望』という一九九二年に沖縄で行われた講演の記録を読んでみると、環境／社会／人間の有機的な連関をよりイメージしやすくなるかもしれない。

混沌のなかで相互浸透作用が行われるというエコゾフィー的な探求の仕方、つまり科学的なエコロジー、政治的なエコロジー、環境的なエコロジー、あるいは精神的なエコロジーといったものを相互に結び合わせるエコゾフィーの探求は、これまで、社会的なもの、私的なもの、市民的なものなどをまちがったやり方で区別して壁を設け、政治的なもの、倫理的なもの、美的なものの間に横断的に貫通する結合を打ち立てることが根本的にできなかった古いイデオロギーにとってかわりうるのだと、いまこそ主張することができなければならないのです。

果たして私たちはインターネットの可能性を引き出し切れているのだろうか？　ひょっとするともっと可能性に満ちた活用の仕方があるのではないか？　だとすればどんな発想が必要なのか？　それが阻害されているのであればその要因とは何なのか？

インターネット二十五年の歴史の中で見失いかけているもの、等閑に付してきたもの、いまだ実現に至っていないものなどをつぶさに検証しながら、私たちは第２四半世紀に向けてのポジティブなヴィジョンを愚直に探求し続けなければならないだろう。

## 創造産業の時代から予測産業の時代へ

### 国際会議「TACIT FUTURE」における先鋭的な問題群

二〇一六年十月二十七日から二十九日まで、ドイツのベルリンで開催された「TACIT FUTURE」(暗黙の未来)と題する国際会議に参加した。同会議はドイツのインターネットメディア「Berliner Gazette」が定期的に主催しているカンファレンスで、毎回、現在のデジタル社会に伏在するさまざまな問題群を先鋭的な観点から浮き彫りにするものである。

筆者は二〇一四年九月二十七日からの三日間、「Berliner Gazette」と「札幌メディアアアーツラボ」の共催で行われた「Slow Politics：危機の時代の力と創造性に関する国際会議」で、「創造都市はコモンズですか?」と題したワークショップのモデレーターを拝命したことがあり、今回もその縁でベルリンのカンファレンスに招聘してもらった。

「TACIT FUTURE」には世界各国からアーティストや研究者、ハッカー、ジャーナリスト、編集者、政治活動家など50人を超える多彩な顔ぶれが集まり、三日間、濃密な討論が行われた。筆者が参加させてもらったのは「Industries of prediction and margins of freedom」（予測の産業と自由の余地）というタイトルのワークショップで、連日、午前中から夕方までは各グループで最終日の発表に向けた徹底的な議論、夕食後にはネット研究者であり評論家、音楽家でもあるコンラッド・ベッカーなどのゲストを招いたパブリックトークといったプログラムとなっており、参加者たちは与えられた課題に対して終日どっぷりと向き合う濃厚な時間を共有することになる。

ちなみに他のワークショップは「The politics of borders and money moves」（国境の政治学とお金の移動）、「Trace of movement and the question of rights」（移動の追跡と権利の問題）といった議題が設定されていて、いずれも本書の主題である第２四半世紀に突入したインターネットの行方に密接に関係する非常に興味深いテーマとなっていた。

前稿で紹介しているフランスの哲学者フェリックス・ガタリの「三つのエコロジー」を思い出していただきたいのだが、ＷＷＷの誕生から25年の時を経た現在、インターネットを基幹技術とするデジタル社会はすでに私たちを取り巻く山や川、海、森と同じような自然環境＝生態系となっており、ガタリの提唱する「環境のエコロジー」「社会のエコロジー」「精神のエコロジー」を三位一体のセットとして捉えていくことこそが、未来を展望する際の必須のスタンスとなる。

「TACIT FUTURE」における各ワークショップでも、参加メンバーはなんとか新しい時代にふさわしい新しい尺度を見出そうと悪戦苦闘していた。インターネット第1四半世紀の物差しでは第2四半世紀に生起する新しい事象や現象を正しく計測することはできないからである。ちなみに、「TACIT FUTURE」の三日間の成果は「Berliner Gazette」のＷｅｂサイト（berlinergazette.de）に詳細に掲載されているので、興味のある読者は参照していただきたい。

## あらゆる創造産業は情報産業であり、同時に予測産業である

さて、「TACIT FUTURE」が問題提起した文脈に沿って第２四半世紀のインターネットにおける人間と情報との関係を考察してみよう。現在の私たちを取り巻く情報環境は当然のことながら「情報」が価値になり財産になり経済の資本となっていく世界である。

従って、今後の創造産業のかなりの部分は情報産業が占めていくことになるはずで、企業が展開するあらゆるメディアやサービスはいかに多様かつ多彩なユーザーの「情報」を資本として活用していくかが事業の命運を左右する重要なファクターとなる。

それが果たして私たちにとって歓迎すべき状況なのか憂慮すべき事態なのかは、今後、重要な課題としてさまざまな場所で議論がなされることになるのだろうが、さしあたりの事実として、ユーザーの「情報」

が質／量ともに従来のレベルを遥かに超えていくのがこれからのインターネット第2四半世紀のひとつの特徴となっていくだろう。

この現在の様相と未来の眺望こそが、筆者が参加した「TACIT FUTURE」における「Industries of prediction and margins of freedom」の核心と言える。企業（もちろんそれが国家であるケースも十分にあり得る）によって知らず知らずのうちに収集された私たちの「情報」は解析され、分類され、自分が与り知らぬヒトやモノやコトにまつわる「情報」と紐付けられ、再び私たちにフィードバックされる……。

その結果として、個々人に最適化された「情報」のフィルターは漸次的にその精度と確度を向上させていく。つまり、これまでクリエイターと呼ばれる人々が携わっていた創造産業は新次元の情報産業になり、ユーザーのありとあらゆる「情報」をもとに私たちの思考パターンや行動パターンを先取りしていく「予測産業」となっていくに違いない。

私たちにフィードバックされる最もわかりやすい「情報」は広告であるが、もはや広告はマスメディアを通した旧来の情緒的なキャッチコピーや有名タレントを起用した映像物語である必要はなく、私たちが日々の生活の中で企業に提供した膨大な情報をもとにした予測情報が最も効率的な広告となっていくだろう。いわゆる、高機能なアドテクノロジーによって主導される精妙かつ巧緻なターゲティング広告である。

もちろん、広告だけでなくあらゆる創造産業は人間のセンスやスキル、勘、経験値といったものをはるかに超越した異次元の予測産業となっていく。そのとき問題となっていくのは、ＡＩなどにによって導き出された予測をいかにプライベートなメディアを通してユーザーの日常にそっと滑り込ませるかどうかだけである。

すでにいま、「私が次に知りたいコト」は私たち以上にＧｏｏｇｌｅが知っており、「私が次に欲しいモノ」は私たち以上にＡｍａｚｏｎが知っており、「私が次に繋がりたいヒト」は私たち以上にＦａｃｅｂｏｏｋが知っている……。

ありきたりの陰謀史観ではないけれども、実際、私たちにまつわる莫大な「情報」はインターネットを通してクラウドという名の「閻魔帳」に時々刻々と記録されている。このとき、私たちの「Margins of freedom」がどれほど残されているのか……？　私たちはいま、この問題に一度じっくり対峙してみる必要があるだろう。他の稿でも述べていることではあるが、自分が単独で思考したことなのか、そう思考されるように誘導されたことなのか、見極めがつかない世界に私たちは住んでいる。

## 「情報」の解析に「願望」を差し挟まない人工知能の優位性

クラウドという名の「閻魔帳」に記録される私たちの「情報」は今後ますますその量を増し、幅を広げ、多岐にわたっていく。その中には単なる趣味趣向や購買傾向だけでなく、ウェアラブルコンピューターをはじめとする身体装着型のデジタル端末を介して吸い上げられる身体情報も含まれていくだろう。もはや、人間的なペルソナの裏に隠したつもりになっている動物的なファクトさえ収集されていくのである。

その結果、放置していたら死に至ったかもしれない深刻な病を早期に発見できたりすることもあり得るかもしれない。こうした「予測産業」は災害時における避難所などでも有効に活用できるだろうし、医療機関や介護施設などでも効力を発揮する可能性は大きい。だからこそ、すべてが予測される未来というものが私たち人間にとってユートピアなのか、ディストピアなのか、その答えを安易に断定することは非常に難しい。

デジタルテクノロジーによる予測ということで言えば、例えば、二〇一六年十一月八日に実施された米国の大統領選挙において、マスコミの大方の予想を覆し、共和党のドナルド・トランプ候補が民主党のヒラリー・クリントン候補を破って次期大統領に選出されたが、その裏で、インドのＧｅｎｉｃ・ＡＩ社が開発した人工知能「MogIA」が、投票日の十日以上前にトランプ氏の当選を予測していたことがさまざまなメディアで話題になった。

同年六月二十三日にイギリスで国民投票が行われたいわゆる「Brexit」（ＥＵからのイギリスの脱退問題）のときも、やはりほとんどのマスコミは最終的には国民の意思は残留に傾くだろうとの見解を示していた。

ところが、大統領選挙も英国のEU離脱も蓋を開けてみればまったく逆の結果となっている。

可視化などという言葉を使うと陳腐なビジネス用語のようになってしまうけれども、新しいテクノロジーというものは常にそれまで見えなかったものを見えるように、または見えにくかったものを見えやすくする。それはある特定の人々の存在であったり、それまで表層に浮上することがなかった人々の意思や心情であったり、人々の心に抑圧され沈殿していた欲望や言葉であったりするだろう。すでにマスメディアという目の粗い網（＝ネット）ではどうしてもすくい取れない、インターネットというきめ細やかな網（＝ネット）でしかすくい取れないものが確実に存在する。

では、私たち人間もソーシャルメディアのタイムラインやニュースフィードに張り付いていれば正しい予測ができるのかと言えばそんなことはなく、自分で編集したタイムラインやニュースフィードなど、多様性を斟酌して公平なキュレーションをしたつもりになっていても、結局のところ、自分の理解の範疇に収まる想定内のコメントの羅列を超えることはない。ここに人間にとって捨象し難い「希望」や「願望」を差し挟まない、人工知能などによる冷徹な予測の優位性がある。

## インターネット第2四半世紀には問題の定立軸が変更を迫られる

冒頭で言及した国際会議「TACIT FUTURE」に再び戻るが、筆者の中では、同カンファレンスへの参加と本書のタイトルである「Rethink Internet：インターネット再考」という問題意識はかなり密接にリンクしていた。他の稿でも再三述べているインターネット第２四半期では、人間と情報、社会と情報、そして社会と人間の関係を考察する際の問題の定立の仕方自体の変更を迫られることがしばしば生起してくるだろう。

上述した「Brexit」にしても先の大統領選挙にしても、保守vs.革新といったこれまでの政治的な対立軸のほかに、都市vs.地方という地域的な対立軸が明らかに前景化していた（「Brexit」の場合はイングランドにおけるロンドンとそれ以外という構図のほかに、イングランドとそれ以外という図式もあるが……）。

マーシャル・マクルーハンの「グローバル・ヴィレッジ」ではないけれども、テクノロジーの進化と発達によって空間的な障壁が取り払われフラットになるはずであった世界が、数年前からにわかに地理的な特性／特色を鮮明化させている。〝デジタル技術によって世界はひとつの村のようになる〟という良くも悪くもまことしやかに喧伝されていたかつての未来像とはどうやらまったく異なる世界の景観が、いま、にわかに現出しつつあるように思う。

おそらくこれは、〝デジタル技術は人間や社会にさほどの影響を及ぼさなかった〟ということではなく、むしろ逆に、〝デジタル技術が私たちの前に開示しつつあるTACIT FUTURE＝暗黙の未来である〟と考えるほうが妥当なのではないか？

インターネット黎明期の夢の実現だけが未来の指標／指針ではない。生命的かつ自律的な変異を遂げ始めたインターネットは、今後、私たち人間の想像をやすやすと覆す結果をもたらし続けるだろう。そうした意味で、「Singularity」（技術的特異点）への素地はもうかなりの程度まで整えられているし、私たちを取り巻く情報世界はその過程の途上にあると言っていい。未来はいつかやってくる漠然としたものではなく、いままさにここにある、現在的かつ具体的なものなのである。

# プライバシーという「資源」、そして二十一世紀の環境破壊問題

## 鉱物資源や海洋資源などに代わる二十一世紀の最重要資源とは？

本書で筆者は執拗に「商用化から二十五年を経て第２四半世紀の局面に入ったインターネットは第１四半世紀のそれとは大きく異なるものになる」と書いている。「大きく異なる」とは言ってもその規模がさらに拡大されるとか、その範囲がさらに拡張されるとか、そんな呑気な話ではなく、インターネットは良くも悪くも人間にとって環境化され血肉化されるがために、ほぼ意識されない不可視のものとなっていくはずだということである。

そのとき、いったい何が起こるのか……という点が今後のインターネットの動向を予測する上で重要な鍵となる。インターネットが私たちの社会、そこに内包される政治、経済、文化、さらには人々の身体や精神の中に溶け入るように内在化されていくと、次第にそれを抽出したり分離したりして対象化することが困難になっていくだろう。

このインターネットの環境化と血肉化は日々着々と進行しており、「内／外」「公／私」などの境界が曖

味になった現在、私たちはこれまで外部環境から採掘してきた「資源」を人間の内部環境の中に見出すようになった。かつての鉱物資源や森林資源、水資源、食料資源、海洋資源に代わって、人間の内から発掘される二十一世紀の最重要資源＝金の生る木、それは、いまさら言うまでもなく私たちの「プライバシー」である。

人類はこれまで「資源」といかなる関係を取り結んできたのだろうか……？　これから論を進めていく前に、微生物学者の中村浩氏による『資源と人間　発見・略奪・未来』（現代教養文庫）の中の一節を見てみよう。

人間の文明は天然資源の上に成り立っている。石油、石炭をはじめとして、鉱物資源、森林資源、海洋資源などは、人間生活の基盤となる衣食住を支えてきた。

しかし、人間はあまりに天然資源を略奪しすぎた。無計画な鉱物資源の濫掘、森林資源の濫伐、略奪農法などによる天然資源の枯渇は、良き人間性をも失わせしめてしまった。

人々は資源をめぐって争い合い、殺し合いさえもするようになった。

## シリコンバレーに対するＥＵからの宣戦布告＝ＧＤＰＲ

インターネット第２四半世紀においては、自然環境としての山や川が私たちの周囲を取り巻いているのと同じように、データの森や海が第二の自然、つまりは「環境」として存在している。当然その生態系の中には人間という生物も組み込まれていて、あたかも呼吸をしたり食事をしたりするように情報を摂取し、有機的な情報の連鎖系を形成しているわけである。

このようなインターネット第２四半世紀特有の世界では、人間だけが特権的な超越者として君臨することはできず、私たちにまつわるあらゆる事象はデータ化され、壮大な情報の循環システムの中に取り込まれてしまう。

その結果、私たちの「プライバシー」はかつて人類を魅了してきたダイヤモンドや金、石炭、石油、水、砂糖、コーヒー、香辛料などと同様の「資源」として富を生み出す源泉となる。『資源と人間　発見・略奪・未来』の先の引用の続きにはこう記されている。

（中略）たとえばひとたび〝金の成る作物〟や〝もうかる鉱物資源〟が発見されると、そこには金権欲、支配欲、独占欲などのはげしい欲望がうずまき、資源をめぐる奪い合い、いがみ合い、だまし合い、腕ずくの争い、あげくのはては戦争が巻きおこったのであった。

こうして天然資源の開発によるもうかる企業、いつもきまって好景気、生産過剰、恐慌というお定まりのコースをたどってきた。

もうかる企業には、腐肉にむらがるハゲタカのように、欲に目がくらんだ金の亡者のむれがたかり、そこには悪の渦がまきおこり、骨までしゃぶりつくして、悲劇的終末をむかえてきた。そしてそこには当然の結果として天然資源の枯渇、公害問題などがクローズアップされる。

インターネット第２四半世紀がすでに幕を開けたいま、上述の事態を第１四半世紀から必然的に導き出される当然の帰結としてさらに推進しようとするシナリオとは別に、第１四半世紀を批判的に検証しながらインターネット第２四半世紀にふさわしい新たなシナリオを描き出そうとする試みが活発化している。

その最も分かりやすい例が二〇一八年五月に施行されたＥＵの「一般データ保護規則（General Data Protection Regulation）」（以下、ＧＤＰＲ）である。同法に関してはすでに多くのメディアで取り沙汰されているからいまさらここで詳説する必要もないかもしれないが、いちおう、以下に簡単な概略をまとめておこう。

ＧＤＰＲは各国企業が「欧州経済領域（European Economic Area）」（以下、ＥＥＡ）内で取得した個人データをＥＥＡ外に持ち出すことを禁止した法律で、これに違反した場合、軽度のもので一〇〇〇万ユーロまたは前年売上高の二パーセントのうち金額の大きなほう、重度のもので二〇〇〇万ユーロまたは前年売上高の四パーセントのうち金額の大きなほうが制裁金として課せられる。

ＥＥＡはＥＵ加盟二十八カ国にリヒテンシュタイン、ノルウェー、アイスランドを含めた31カ国で構成されており、域内の人口は五億人を超えている。我が国のあらゆる企業はもちろんのこと、シリコンバレーの「GAFA」(Google / Apple / Facebook / Amazon）をはじめとするデータビジネスの巨大企業も、ＥＥＡ五億人の市場で商売をする際にはこのＧＤＰＲをかならず遵守しなければならない。

前述の中村氏の文章には〝資源の過剰な乱掘は公害や枯渇といった悲劇的な結末を生む〟とあるが、ＧＤＰＲはまさに、シリコンバレーによる「プライバシー」の乱獲を問題視したヨーロッパ諸国からの宣戦布告と考えることもできるだろう。ＧＤＰＲ発行に端を発する「プライバシー」をめぐるこの争いを、現代における新たな冷戦と喩える向きもあるようである。

## 人間と資源をめぐる悲喜劇はいつの時代にも再現される

本稿では「プライバシー」を二十一世紀の最重要資源と捉えているのだが、実際、いまデータビジネスの現場で生起しているさまざまな事柄は、過去に人類と天然資源との間で繰り広げられた悲喜劇の忠実な再現であると言っていい。歴史はどういうわけか同じようなことを繰り返す。私たちに最も身近な天然資源である石油を例にとって見てみよう。

石油の歴史は古く紀元前からその存在は知られていたものの、エネルギー源として本格的な第一歩を踏み出したのは、一八五五年、米国の弁護士であったジョージ・ビゼルが世界で最初の石油会社を立ち上げて大規模な採掘に乗り出してからである。ビゼルはペンシルヴァニア州のオイル・クリーク（油の川）に目を付け、その調査と試掘をエドウィン・ドレークという男に依頼した。

そして一八九五年、ついにドレーク等は大規模な油井を掘り当てる。米国ではここから有象無象を巻き込んだオイルラッシュが始まり、ペンシルヴァニア州以外での油田開拓も盛んになっていくわけだが、アメリカ財界の大立者ジョン・ロックフェラーはこの機を見逃さずスタンダード・オイル社を興し巨万の富を得ることになる。まさに「資源」は人を惹きつけ止まない金の生る木なのだ。

一方、カスピ海に近いロシアのコーカサス地方にも一大油田地帯が存在した。もともとこのあたりには紀元前の昔からゾロアスター教（拝火教）の信仰があり、地下から湧出する石油を燃やし聖火として崇拝する儀式などが行われていたのである。

そこで、ロシア王宮はこの地方の大規模な石油採掘を行なうために競売入札を行なった。ここへ乗り込んできたのがスウェーデンの大富豪・ノーベル一族である。彼等の巨額な資金を背景にコーカサス地方の油田開発は一大産業として成長し、やがて、フランスの大財閥・ロスチャイルド家の参入などもあって、産油地バクーからヨーロッパまでの輸送経路も整備されていった。

ここで石油採掘の歴史を振り返ることが本稿の使命ではないのでもうこれくらいにしておこうと思うが、その後、一九〇〇年代に入るとイギリスがペルシア湾沿岸で、オランダがインドネシアで石油を掘り当てるなど、石油が二十世紀最大の天然資源として不動の座を獲得していったのは周知の通りである。

さらにはその利権をめぐって現在でも数々の紛争や戦争が引き起こされ続けていること、そして、$CO_2$排出による地球温暖化という切実な問題もいよいよ深刻度を増していることはいまさら説明の必要はないだろう。

## インターネット第２四半世紀における新たな「環境問題」とは？

こうした「資源」をめぐる発見、開発、独占、抗争の歴史がインターネット第２四半世紀の現在、「プライバシー」という新たな「資源」の周囲で再現されているのである。シリコンバレーによる無軌道かつ野放途な個人データの収集は、インターネット第２四半世紀における「環境問題」であり「公害問題」なのだ。そして、この状況に対して待ったをかけたのがＥＵから提出されたＧＤＰＲと考えていいだろう。

ＧＤＰＲが第２四半世紀のインターネットにもたらすであろう多大なる影響を指摘したメディア美学者の武邑光裕氏による『さよなら、インターネット――ＧＤＰＲはネットとデータをどう変えるのか』（ダイヤモンド社）には、以下のような記述がある。

ＤＥＣＯＤＥプロジェクトは、インターネット経済の原資である個人データを、ユーザーの自己主権と企業の公正利用の両立という観点で捉えている。ＧＤＰＲの発効により、世界一厳しい個人データやプライバシー保護の環境が整うことはデジタル経済の重荷や足かせではない。ＧＤＰＲがめざすインターネット第二幕とは、バーロウの「サイバースペース独立宣言」に先立つ一九九五年段階にインターネットをリセットすることだ。

ちなみに「DECODE」とはＥＵ全域の研究者や政策立案者、プログラマーなどによって構成される欧州委員会のプロジェクトであり、「Decentralised Citizens Owned Data Ecosystem」（分散型市民所有データ・エコシステム）の略称である。「一九九五年段階にインターネットをリセットする」などと聞くとまるで荒唐無稽で非現実的な絵空事と思われるかもしれないが、シリコンバレーが推し進めようとする「プライバシーの死」は決してインターネットが歩まねばならない既定路線ではない。

商用化がスタートしてから四半世紀の間にどこかで壊れてしまったインターネット……。いま、私たちはインターネット第1四半世紀に当たり前のものとして認識されていたその特質、強味、利点をもう一度根本から見直していかなければならないだろう。GDPRはともすると順調に加速／成長を続けるインターネットを減速／衰退させる時代錯誤な悪法と受け取られている向きもあるようだが、インターネット第2四半世紀における具体的で現実的な修正案という側面も決して見逃してはならない。

## テクノロジーの社会実装と、社会という生体の免疫システム

### 未来は「夢想」するものから「実装」する段階へと突入している

二〇一八年一月二十二日、米国はシアトルのＡｍａｚｏｎ本社近くに「Amazon Go」の第一号店がオープンした。いまさら述べるまでもないだろうが、「Amazon Go」はスマートフォンにダウンロードした専用アプリケーションを起動して入店の際ゲートにかざすだけで、買い物をした商品をレジを通すことなくそのまま店外に持ち出せるという新しい形態の店舗だ。もちろん、購入したぶんについての代金はＡｍａｚｏｎに登録してある自分のクレジットカードに請求される。

店内では天井に設置された多数のカメラが来店客の行動を追尾しており、棚に装備された多種のセンサーが商品を選び取ったか否かの識別も行っているため、誰がいくつ何の商品を購入したのかを正確に把捉できるという。同時にマイクによって収集された音も活用されているとのことで（ちなみにこの技術は同社のスマートスピーカー「Amazon Echo」に内蔵されているもの）、購入にまつわる判定ミスが発生しないよう、あらゆるテクノロジーが駆使されている。

もはや、ネットで買い物をすることがデジタル技術によってもたらされたバーチャルな行為で、実店舗で買い物をすることがアナログ感覚にあふれたリアルな行為であるという区別などはまったく無効になったと言わざるを得ないだろう。本書の中にも「従来から使用してきた価値判定の基準がことごとく有効性を失ってしまうのがまさにインターネット第２四半世紀の特徴だ」と述べている稿があるが、いまや、私たちの生活はあらゆる場面でインターネットと紐付いたデジタルテクノロジーに依拠しており、一見、アナログ的な風情を漂わせた行為や体験にしても、それはどこかでかならず高度なデジタル技術が介在している。

「何をいまさら当たり前のことを」とお叱りを受けてしまうかもしれないけれども、本稿のテーマは、つい数年前まで夢想として語られていた「テクノロジーがもたらす未来像」はすでに私たちの生活、社会、経済、文化といったあらゆる領域に現実に「実装」され始めており、私たちはこの状況の変化を今一度、再認識／再確認しなければならないということである。

「テクノロジーがもたらす未来像」というものは〝未だ来たらざる〟ものであり、〝未だ来たらざる〟うちは楽天的かつ能天気に希望や期待だけを語っていればよかった。しかし、インターネットが第１四半世紀から第２四半世紀へと質的変容を遂げ、新たな基盤の上で新たな技術が実際に稼働の段階に入ったとなれば話は別で、今後、私たちは「未来展望」をいかに饒舌に述べ立てるかということではなく、「社会実装」

をいかにスムーズに実現するかを熟考していかなければならない。

## 新しいテクノロジーへの免疫性を発達させた社会は存在するか？

人工知能にしても仮想通貨にしてもＩｏＴ（Internet of Things＝モノのインターネット）にしてもバイオテクノロジーにしても、私たちはまだどこかで完成には至らないプロトタイプが世に提示されたくらいのレベルと思っている節がある。ところが二〇一八年の初頭に起こった暗号通過「NEM」の流出問題を例に挙げるまでもなく、すでに多くの新たなテクノロジーは着実に「社会実装」が進行しており、無責任に未来を礼賛することや無根拠に未来を忌避する段階はいつの間にか通り越してしまった。

これは同時に「実装」してみなければわからなかった問題や課題が今後あちらこちらで噴出することでもあり、既存の社会構造への埋め込みの際に生じる軋轢や矛盾、不具合、不整合などが顕在化してくるということである。個人個人の心情的な抵抗感のレベルを超えた、社会という生体システムの免疫的な拒絶反応も発現してくるだろう。

マーシャル・マクルーハンは『メディア論』（みすず書房）の中で、テクノロジーがもたらすこうした大規模な社会のシフトに対して、人々が事前に十分な処置が行うことは非常に困難であると指摘しており、唯一、社会という生体システムに免疫性を与えてくるのは芸術以外にないと述べている。

新しい拡張つまり技術にたいして免疫性を発達させるほどに自身の行動について自覚を持った社会は、これまで存在しなかった。こんにちでは、芸術がこのような免疫性を与えてくれそうであることに、われわれは気づき始めている。

人間の文化の歴史には、個人生活および社会生活のさまざまな要素を新しい拡張に意識して適応させた例がない。ただ例外は、芸術家たちの些細末梢の努力だけだ。芸術家は、文化および技術からの挑戦のメッセージを、その変形の衝撃が起こる数一〇年前に拾い上げる。そうして間近に迫った変化に立ち向かうためのモデル、すなわちノアの箱舟を建設する。ギュスターヴ・フローベールが「もし人々がわたくしの『感情教育』を読んでくれていたら、一八七〇年の戦争は起こらなかったろう」と言ったのは、その例だ。

本書の他の稿で夏目漱石とその門弟である寺田寅彦を引き合いに出しながら、科学と芸術のハイブリッド的視座の重要性を提唱しているのも、まさに、科学だけが一方的に牽引／領導する未来像の素描段階は終わり、これからは芸術の分野と手を携えながら技術の現実社会への実装段階に対処しなければならないという意識を喚起したかったからである。

## 「自己」を規定しているのは脳ではなく免疫システムである

数十年という長いスパンで時代を俯瞰すれば、〝テクノロジーによって人間の思考や認識、知覚、行動は変化する〟という技術決定論を持ち出して、私たちがこれから直面するであろう具体的な問題に抽象性の衣を被せてしまうことも可能かもしれないが、今後しばらく、私たちは極めて難しい社会全体の移植手術を幾度も身をもって経験するはずである。

社会という生体システムの中にこれまで経験したことのない異物が混入してくるわけだから（くれぐれも言っておくが、「異物」＝「害悪」という意味ではない）、体内にその抗体が生成されるまでにはある程度の時間が必要となる。

これまで営々と継承されてきた社会の倫理／道徳／常識の類は思いのほか強固なものである。経済的な側面においては、それはある種の既得権益だったりするかもしれない。そうした「現在」の中に「未来」が実際に注入されたとき、かならずしも緩慢な馴致と共に双方が溶け合ったり譲り合ったり入れ換わったりするとは限らない。最悪の場合、極端な排除の力が発動されるケースも想定される。

免疫学者である多田富雄氏は『免疫の意味論』（青土社）の中で「自己」と「非自己」を峻別するのは脳ではなく免疫系であると述べており、「自己」の免疫力の非合理ともいえる不寛容さの例として以下のようなエピソードを挙げている。少々長くなるが興味深い話であり専門的な用語も含まれているため、影響のない範囲で途中を端折りながらそのまま引用する。

以下、「自己（ニワトリのヒヨコの免疫系）＝現在」「非自己（ヒヨコに移植されたウズラの脳細胞）＝未来」と置き換えて読んでいただきたい。

孵卵二～三日目のウズラ胚には、やがて脳を作るはずの脳胞という組織が出来る。その中脳胞と呼ばれる部分の一部を切りとり、同じ時期のニワトリ胚の中脳胞の部分に移植する。すると、ウズラの脳胞に含まれていた細胞はニワトリの胚の中で、脳やその付属器官、たとえば眼球の一部である網膜や、皮膚や羽毛の色素細胞などに分化する。こうして菱脳、小脳、中脳、間脳などがウズラ由来というニワトリが作り出される。（中略）

ウズラの脳が移植されたニワトリは、どんな行動様式をとるだろうか。

ウズラのヒナと、ニワトリのヒヨコは鳴き方が違う。ニワトリはピー、ピーと一声ずつ鳴くのに対し、ウズラはピッピピーと文節を作って断続的に鳴く。

ウズラの脳を持ったニワトリのヒヨコはどう鳴くのだろうか。
正確に声紋を記録するソノグラフ使って解析すると、多くの場合ウズラと同様に断続的に鳴くのである。その声は、ニワトリの器官を使って発せられるのだから、ニワトリと同じ高さ、同じ音質であるが、鳴き方はウズラに酷似している。

（中略）

それ以上の行動の研究はまだ報告されていない。理由は、このキメラ動物が、生後十数日で死んでしまうからである。死因は、移植されたウズラの脳がニワトリの免疫系によって拒絶されることによって起こる脳機能障害である。（中略）

しかし、ここではっきりしたことは、固体の行動様式、いわば精神的「自己」を支配している脳が、もうひとつの「自己」を規定する免疫系によって、いともやすやすと「非自己」として排除されてしまうことである。つまり、身体的に「自己」を規定しているのは免疫系であって、脳ではないのである。脳は免疫系を拒絶できないが、免疫系は脳を異物として拒絶したのである。

## はたして社会という生体システムは「超システム」たり得るか？

ＡＩ＝人工知能の万能感が声高に喧伝されている現在の風潮を鑑みると、かなり衝撃的な事例である。ヒト／モノ／コトが行き交う情報の中継点や流通網は古来より「胃袋」や「血管」などの人体器官に喩えられており、今日における最大の情報インフラであるインターネットは「脳神経系」としてイメージされる。まさに現代の社会は多種多様なデジタル技術が有機的に連関したひとつの身体＝生体システムと考えていいだろう。

先に挙げたニワトリのヒヨコとウズラのヒナのエピソードは免疫システムが示す徹底的な「非自己」への拒絶であったが、人間はその歴史の中で「非自己」を「自己」化するための巧妙な方策も編み出した。その代表的なものが、一七九六年にエドワード・ジェンナーによって考案された天然痘のワクチンである。以降、人間はインフルエンザなどが猖獗を極める以前にあらかじめ流行が予想されるワクチンを接種し、軽度の罹患によって抗原への抗体を生成してしまうという重篤かつ深刻な事態への回避法を獲得した。

インターネット第２四半世紀における新たなテクノロジーの社会実装を前にこうしたワクチンの投与的な措置がどこまで有効かはわからない。前述したマクルーハンの言葉を解釈すれば、芸術とはハードランディングを幾分かソフトランディングにするある種のワクチン的な機能を持っているということだろう。

そうした意味でも科学者と芸術家の垣根が取り払われつつある現在の状況は好ましいことであり当然の帰結であるとも言える。

しかし、「自己」という生体は固定的なものではなく流動的なものであり、必然的に新たな抗原も絶えることなく誕生し続ける。こうした間断なく移ろいゆく動的な生体の中でかろうじて「自己」を維持している複雑な均衡機構＝免疫システムを多田氏は「超システム」と呼ぶ。以下、その該当箇所である。

免疫系というのはこのようにして、単一の細胞が分化する際、場に応じて多様化し、まずひとつの流動的なシステムを構築することから始まる。それから更に起こる多様化と機能獲得の際の決定因子は、まさしく「自己」という場への適応である。「自己」に適応し、「自己」に言及しながら、新たな「自己」というシステムを作り出す。この「自己」は、成立の過程で次々に変容する。T細胞レセプターも抗体分子も、ランダムな遺伝子の組換え、再構成によって作り出されていることは先にも述べた。その上、外部から抗原という異物が侵入する度に、特定のクローンが増殖し、さらにインターロイキンなどによって内部世界の騒乱が起こる。抗体の遺伝子には、高い頻度で突然変異が起こることも先に述べた。こうした「自己」の変容に言及しながら、このシステムは終生自己組織化を続ける。それが免疫系成立の原則である。

（中略）

私は、ここに見られるような、変容する「自己」に言及しながら自己組織化をしてゆくような動的システムを、超システムと呼びたいと思う。言うまでもなく、マスタープランによって決定された固定したシステムとは区別するためである。

果たして私たちの生活、社会、経済、文化の複合体は、新たなテクノロジーが社会実装される際にどこまでしなやかな免疫力を発揮できるだろうか……？「未来展望」から「社会実装」へと時代が移行しつついまこそ、インターネット第２四半世紀の本格的な幕開けなのである。

# 第2章

# 過渡期における諸問題

## 「Post-truth」は「そもそも真実とは何か?」が問い直される時代

### 私たちが置かれた情報環境を見事に言い当てた新しい「ポスト」

「Rethink Internet：インターネット再考」をタイトルとして掲げている本書では、「インターネットはすでに第1四半世紀とはまったく異なる第2四半世紀のステージに突入している」ということを繰り返し述べてきているわけだが、実はその予兆はすでに数年前から、第二の自然となったインターネットが不可避的に引き起こす世界変容と無縁ではいられない政治／経済／文化のあらゆる側面で兆し始めていた。

例えば「ポスト民主主義」「ポスト資本主義」「ポスト情報社会」などなど……。一九七〇年代から一九八〇年代にかけて盛んにもてはやされた「ポストモダン」をもさらに乗り越えなければならないという切迫した予感は、グローバルなレベルで共通認識になっていたと言っていい。インターネット以前から提唱されていた「近代」の乗り越えを、インターネット第2四半世紀の入り口に立っている私たちは、より深刻なレベルで模索していかなければならない。

「インターネット」自体も例外ではない。時代の感性と鋭敏に共鳴し合う現代美術の文脈において、すでに数年前から「ポスト・インターネット」という言葉がしばしば取り沙汰されている。たとえインターネットに接続されていないものであっても、人間の精神の中に染み渡り、溶け込んだインターネット的知覚やインターネット的感性が紡ぎ出した作品を指してそう呼ぶ。しかしこの「ポスト・インターネット」的な状況は、いまや現代美術の範疇を大きく跨ぎ越し、私たちの日常生活にも着実に浸潤しつつある感覚なのではないだろうか？

こうした一連の動向の中で、現在の私たちが置かれている情報環境を見事に言い当てた「ポスト」も提案された。英国のオックスフォード大学出版局が二〇一六年の十一月に「Word of the Year」として選出した「Post-truth」である。直訳すれば「真実—以降」ということになるわけだけれども、同出版局のＷｅｂサイトには以下のような詳細な解説が付されている。

——relating to or denoting circumstances in which objective facts are less influential in shaping public opinion than appeals to emotion and personal belief.

——世論の形成に際して、客観的な事実よりも感情や個人の信条の表明がより多くの影響を及ぼす状況に関連している。もしくは、そうした状況を指し示している。

## 「Post-truth」の真の意味は「Truth」自体を疑うことである

前述の定義には「世論の形成に際して」云々という文言があるから、その対象範囲が政治の世界に限定されているような印象があるけれども、実は決してそんなことはなく、「Post-truth」は近年のインターネット上の言説がしばしば巻き起こす炎上騒動や混乱状態の根底にあるものと深く関係している。今後の私たちが「情報」というものにどう接していかなければならないかについて、再考を促す重要なキーワードと言えるだろう。

これがまだインターネット第1四半世紀の段階にあれば「個人発＝確証なし、企業発＝確証あり」とか、「一般人＝根拠なし、有識者＝根拠あり」とか、「ソーシャルメディア＝信憑性なし、マスメディア＝信憑性あり」といった単純な尺度をもとに〝現状の世論形成のプロセスはどこか間違っている〟などと容易に断罪できたのかもしれない。

しかし、一般の個人のブログが企業にキュレーションされることによってメディアが成立したり、テレビや雑誌の主要なネタがソーシャルメディアに依拠しているという奇妙な共犯関係を見るにつけ、そう簡単に現況を肯定することも否定することもできないのではないだろうか？

従来から使用してきた価値判定の基準がことごとく有効性を失ってしまうのが、まさにインターネット第２四半世紀の特徴である。アメリカという一国家を超えていまや世界中に蔓延する「ドナルド・トランプ的なるもの」も、「保守vs.革新」や「右派vs.左派」といった旧来の二項対立の無効化を示す格好の事例である。日本ではとかく「ネトウヨ」などと一括りにされがちな勢力ひとつとっても、よく目を凝らせば「オルタナ右翼」(alternative right の和訳)や「インセル」(involuntary celibate の略称)、さらには「MGTOW」(Men Going To Own Way)といった細分化が可能であり、決して単純な様相ではない。

批判や忌避、憎悪や呪詛から可能な限り距離を保ちつつ、もう後戻りできないインターネット上の言説空間＝「Post-truth」をどのように受け止め、視界を悪化させる濃霧に包囲されているかのような情報環境の中で私たちはどのように振る舞えばよいのか……。「ＳＮＳで投稿する際はなるべくその論拠を明確にしましょう」とか「相手を批判するときはかならずその代案を提示しましょう」などといった呑気な正論がまったく通用しないのが「Post-truth」の時代である。

重要なのは「Post-truth」と呼ばれる状況に対して憤怒したりそれらを排撃したりする以前に、そもそも「Truth」とは何かを問うことではないか？　真実はひとつしかなく、真実ではないこと＝虚偽を大多数の大衆が無責任に喧伝して回っている……という安易な認識は結局のところ不当な言論の抑圧や封殺にしかつながらない。誰が何を述べようとそれは一般的な倫理／道徳に反しない限り自由であり、それがインターネットが招来した言論の環境なのである（「それならばいかなる種類の倫理／道徳を主張しても個人の自由ではないか？」という論理はまた別の話であって、往々にしてそれはイマジネーションの欠落でしかない）。

「Post-truth」の環境下でよく言われることとして「結局のところ、誰の言っていることが正しいのかわからない」という常套句をよく聞くが、私たちはそろそろこの認識のフレームをバージョンアップしなければならないだろう。〝虚偽を回避していかに真実を探り当てるか〟ではなく、虚偽と思われるものも往々にして誰かの「解釈」であり、真実と思われるものも往々にして誰かの「解釈」であると認識すること……。

ときに事実のお墨付きとして用いられる〝科学的〟ということですら、現在主流をなす理論の体系の中での整合性に過ぎないのであって、拠って立つパラダイム自体が変わってしまえば科学的に真理であることも誤謬になることすらあり得る。従って、「真実を見抜く目を養いましょう」的な警鐘は「Post-truth」の世界では何の役にも立たない。どんな「語り」もその根底にはかならず「騙り」を内包しているのである。ドイツの哲学者フリードリッヒ・ニーチェはその主著のひとつである『権力への意志』（ちくま学芸文庫）の中で次のように述べている。ニーチェの断章の中でも特に有名なものである。

現象に立ちどまって「あるのはただ事実のみ」と主張する実証主義に反対して、私は言うであろう、否、まさしく事実なるものはなく、あるのはただ解釈のみと。私たちはいかなる事実「自体」をも確かめることはできない。おそらく、そのようなことを欲するのは背理であろう。（中略）

総じて「認識」という言葉が意味をもつかぎり、世界は認識されうるものである。しかし、世界は別様にも解釈されうるのであり、それはおのれの背後にいかなる意味をももってはおらず、かえって無数の意味をもっている。——「遠近法主義。」

## インターネット第２四半期を読み解くための思考や言葉の必要性

これは、やはりドイツの哲学者であるルードヴィヒ・ウィトゲンシュタインが『論理哲学論考』（岩波文庫）の中で述べた「世界は成立していることがらの総体である」というアフォリズムとほぼ同様の意味を持っている。

ある認識のフレームの中で世界を眺めればその枠内における真実があり、世界は成立する。しかし、別の認識のフレームで世界を眺めることもまた可能なのだ。この態度を突き詰めていくと空疎な相対主義に堕しかねない可能性も孕んでいるわけだが、つねに、その言説がどんな認識のフレームを通してなされているのかを意識することは重要である。

特に本書で再三再四述べているインターネット第2四半期における価値変動は、旧来の倫理観や道徳観を根本から揺るがすほどの変化を私たちにもたらす。つまり、私たちはインターネット第2四半期を読み解くための思考や言葉を新たに創出しなければならない。そうした意味では、上述したトランプ的なるものの蔓延を単なる世界の「保守化」「右傾化」とだけ考えるのはおそらく単純に過ぎるのだろう。「じゃあ、何なんだ？」と問われたところで筆者も即答はできないが、もっと別様の認識のフレームを採用しない限り、今後も世界中で続々と生起するであろう課題や問題を解釈することはできないような気がしている。

要するに「Post-truth」とは、確固たる「真実」以外のフェイクニュースの類が世界を動かしてしまう危機的状況なのではなく、これまで「真実」と思われていたものが実は極めて脆い論拠（論理的体系やイデオロギー）の上に成立していたに過ぎず、その正当性がいまや深刻なレベルで問い直されている危機的状況と考えるべきものだろう。

ウィトゲンシュタインの『論理哲学論考』の中に「永遠の相のもとに世界を捉えるとは、世界を全体として——限界づけられた全体として——捉えることにほかならない」という言葉があるけれども、いま、私たちが「Truth」と考えるものは結局のところ「限界づけられた全体」の中でのみ有効性を持つものでしかない。

最後に私たちが世界をどのように認識し、その中で起こる事柄をどのように把握し、真実と思われるものに共鳴し、虚偽と思われるものに反発しているのか……。ニーチェの『悦ばしき知識』（ちくま学芸文庫）に収められた示唆に富んだ一節を引用して本稿を締め括ろうと思う。

「自然を忠実に、完璧に！」――どんな具合に彼は始めるか、
自然が絵の中に収めつくされる日がいつかあるだろうか？
世界の極微の一片すらも無限である！――
彼は結局自分が気に入ったものを絵に描く。
では、彼の気に入るもの何か？　彼が描くことのできるもの！

## 現代は情報過多の時代ではなく、情報不足の時代だった⁉

### デジタルメディアはユーザーの参与が不可欠な「冷たいメディア」

二〇一四年、ノルウェーのスタヴァンゲル大学の研究チームが「紙の書物」と「電子書籍」とで読書体験がいかに異なる結果をもたらすかという興味深い実験を行った。五十人の学生を二十五人ずつの二つのグループに分け、一方に「紙の書物」を、他方に「電子書籍」を配布。読了後にさまざまな質問をして各人の記憶の正誤をテストするというものである。もちろん五十人はまったく同じ短編小説を読んでいる。

小説を読み終わった後、五十人の学生に小説中の出来事が書かれた個所や登場人物に関する質問などをいくつか投げかけたところ、「電子書籍」で読んだ二十五人のグループよりも「紙の書物」で読んだグループのほうが正答率が高くなったという。さらに、小説を十四の断片に分解し、それらを正しい順序に並び替えさせる実験では、「紙の書物」で読んだグループのほうが圧倒的な再現率となったとのことである。

これはとりもなおさず、読書という行為が多分に「触覚的」な体験であるということを証明している。つまり、私たちは常に指でページの薄さ／厚さを知覚しながら読んでいるわけで、一冊の本を〝今日はだいぶ読んだからあと半分くらいだな〞とか〝こんなに読んだのにあとまだ三分の二も残っているな〞とか、読了したページと未読のページの比率を指先で覚えているのだ。

ということは……である。アナログの本とデジタルの本とでは、私たちが受信している情報の質の違いはもとより、そもそも量の違いが存在しているのではないか？　端的に言ってしまうと、同種の機能や用途を持つデバイスやアイテム、サービスがアナログからデジタルに移行した際、情報量はかなり減少すると考えてもよいのではないか？

現代の私たちは日頃から映像や画像、ディスプレーの解像度や音楽のビットレートといったものの爆発的な増大を目の当たりに体験しているから、漠然と「デジタル情報は高密度／高濃度」であると思いがちだし、あたかもニュートリノが人間の身体を絶えず貫通しているように、日々、Ｗｅｂのニュースサイトやソーシャルメディアから発信される情報を四六時中、朝から晩まで浴びせかけられ続けているために、漠然と〝情報は増加〞していると思い込んでしまっても無理はない。

従って筆者を含めほとんどの人たちが、いまや、〝情報過多の時代〞を生きていると何とはなしに信じ切っている。しかし、それはあくまでも情報を構成するビット数の問題であって、私たちが知覚し、認識し、解釈する把捉可能もしくは咀嚼可能な情報量の問題ではないのではないだろうか？

マクルーハンは情報の受け手が参与する度合いが低い高精細のメディアを「熱いメディア」、参与する度合いが高い低精細のメディアを「冷たいメディア」と呼んだが、先のスタヴァンゲル大学の実験の例を当てはめれば、視覚情報だけでなく触覚情報も埋め込まれている「書物バージョン」は熱いメディア、視覚を駆使するほかない「電子バージョン」は冷たいメディアと言えるだろう（より上位の視座に立って捉えようと思えば、文章のみで成り立つ本というメディア自体、読者の積極的な参与性を要請するものだから、それがデジタルであろうがアナログであろうが、基本的には「冷たいメディア」であるとも言えるが……）。つまり、アナログバージョンは情報で満たされているからユーザーが過度に介入せずとも受け取るメッセージが多く、デジタルバージョンは情報がスカスカしているのでユーザーの積極的かつ自主的な読み取りが要求されるということである。

いちおう、『メディア論』（みすず書房）の該当個所を下記に引用しておこう。ただし、同書は一九六四年に出版されたものであり、例えば当時のテレビは小型で白黒、解像度も高くないという〝時代の状況〟を念頭に置いて読んでいただきたい。もちろん、〝インターネット以前〟であることは言うまでもない。

ラジオのような「熱い」(hot) メディアと電話のような「冷たい」(cool) メディア、映画のような熱いメディアとテレビのような冷たいメディア、これを区別する基本原理がある。熱いメディアとは単一の感覚を「高精細度」(high definition) で拡張するメディアのことである。「高精細度」とはデータを十分に満たされた状態のことだ。写真は視覚的に「高精細度」である。漫画が「低精細度」(low definition)なのは、視覚情報があまり与えられていないからだ。電話が冷たいメディア、すなわち「低精細度」のメディアの一つであるのは、耳に与えられる情報量が乏しいからだ。さらに、話されることばが「低精細度」の冷たいメディアであるのは、与えられる情報量が少なく、聞き手がたくさん補わなければならないからだ。一方、熱いメディアは受容者によって補充ないし補完されるところがあまりない。したがって、熱いメディアは受容者による参与性が低く、冷たいメディアは参与性あるいは補完性が高い。だからこそ、当然のことであるが、ラジオはたとえば電話のような冷たいメディアと違った効果を利用者に与える。

## 現在起きているのは「情報の爆発」ではなく「組み合わせの爆発」

さて、現代が果たして〝情報過多の時代〟なのかという根本的な問いに戻ろう。結論から言ってしまうと、私たちはいま、予想とは裏腹に、〝情報不足の時代〟を生きていると考えていい。確かに私たちの身の回りにはデジタル情報が溢れ返っている。しかし本書の他の稿でも触れているように、「フィルターバブル」がもたらすものは精査され厳選された画一的な選択肢にすぎず、多様性と意外性に富んだ創造的な情報群ではない。つまるところ、いくら膨大に情報が提示されているように見えても「知」は貧困化していく。要するに、飛び交うビットの数は爆発的に増大しても、私たちが活用できる情報の量は不足しているということである(「フィルターバブル」については第4章で詳しく述べている)。

誤解のないように申し述べておくと、いくらなんでもこの時代に〝アナログの優位性〟を説こうなどという意図はさらさらなく、むしろ、デジタルの可能性を考えるにあたって、改めて「デジタルとはパターン化と類型化と単純化のテクノロジーである」ということを認識する必要があるのではないかということである。

やみくもにAIの万能性が喧伝され礼賛されてしまう現代において、こうしたデジタル技術の根本的な特性や特質は往々にして忘れ去られてしまう。『解明される意識』(青土社)などの著書として有名な米国の哲学者ダニエル・C・デネットが述べているように、現在の私たちの周囲に生起していることは厳密に言えば「情報の爆発」ではなく、あくまでも私たちの趣味趣向、思考形態、行動様式などをパターン化し、類型化し、単純化しようと目論む企業が開発したアルゴリズムの横溢、つまりデータの「組み合わせの爆発」に過ぎない。

## 情報はアナログからデジタルに変換された際に減少する

では、デネットが指摘するデータの「組み合わせの爆発」が極限まで増大を続け、ミリ秒単位での処理が可能になれば人間の脳を再現した至高の「汎用型ＡＩ」＝強いＡＩが完成するのかといえば、理論的にはそうかもしれないとは思うものの、現実的にはまだまだ心許ないのではないか？　それはいずれ実現するのかもしれないが、現在ＡＩと呼ばれているものは、レイ・カーツワイルが『ポスト・ヒューマン誕生　コンピュータが人類の知性を超えるとき』（ＮＨＫ出版）の中で述べている「特化型ＡＩ」＝弱いＡＩにとどまっていると言っていい。

世界中のいたるところでＡＩへの邁進が加速し、期待が膨張すればするほど、逆に、人間＝脳が扱っている情報の量、さらにはその情報処理技術と情報処理速度の途方もなさが明るみに出てくる。執拗に繰り返すようだけれども、安易な人間の礼賛をしたいわけではなく、現在においてもなお、デジタル化される情報の量は依然としてあまりにも少ないということが言いたいのである。

例えば、私たちの生活に実装され始めた身近なＡＩとしてスマートスピーカーがあるが、果たして、〝音声言語〟によって伝達される〝意味だけ〟のコミュニケーションがどこまで〝やり取りの滑らかさ〟を実現できるだろうか？　周知の通り、人間の「ノンバーバル」（＝非言語的）な情報発信は桁外れの情報量を包含している。『非言語コミュニケーション』(新潮選書)の著者であるマジョリー・F・ファーガスが同書の中で示している以下のデータは非常に興味深い。

アメリカで多年にわたり非言語コミュニケーションを研究しているアルバート・メラビアンは、人間の態度や性向を推定する場合、その人間のことばによって判断されるのはわずか七パーセントであり、残りの九三パーセントのうち、三八パーセントは周辺言語、五五パーセントは顔の表情によるものだと述べている。

「周辺言語」(Paralanguage)とは、ファーガスによれば「ことば自体は除いて、別の人間に聞き取ることのできる人間の音声が生むすべての刺激要因」のことであり、例えば「力のこもった叫び声、悲鳴、太く低い共鳴音から、鳴き声、単調音、声に出してひと息つく時の呼吸音」といった〝言語の純粋な意味以外〟の多種多様な情報群のことを指す。

音声言語だけでなく記述言語においても、私たちは他者とのコミュニケーションの際、こうした〝言語の純粋な意味以外〟のものから実にたくさんのメッセージを受け取っている。音声言語に関しては「ありがとうございます」という感謝の意味を示す言表であっても、相手が本当は迷惑がっているということが理解できたりするし、記述言語に関してもその筆致や字間／行間といったものから相手の心情を推し量ることができる。

冒頭に挙げた「書物バージョン」と「電子バージョン」の本の例と同様、「周辺言語」のような情報はアナログからデジタルに変換された時点で大方のものは脱落し消失してしまう。米国の政治学者であるロバート・D・パットナムはその主著『孤独なボウリング――米国コミュニティの崩壊と再生』（柏書房）の中でそうした事態を以下のように的確に表現している。

人間は互いの非言語的メッセージ、とりわけ感情、協力、信頼性といったものを感じ取る驚くほどの能力を持っている（虚偽の非言語的サインを見抜く能力が、長い人間の進化の過程の中で生存のための重大な有利性を与えていたという可能性があるだろう）。心理学者のアルバート・メラビアンは『非言語コミュニケーション』の中で、「感情の領域」においては人々の「表情、声音、姿勢、動作、身振り」は決定的に重要であると記している。言葉が、「それを含むメッセージと矛盾したときには、相手はこちらが語ったことを信じない――彼らはほぼ全面的に、こちらが何をしたかを信頼する」。

コンピュータ・コミュニケーションは、現在および当面の未来においても、ちょっとした対面的接触の大半の中にすら発生しているような大量の非言語的コミュニケーションを隠してしまう（：）のような、電子メールの中の顔文字はこの事実を暗黙に認めているものだが、これは現実の感情表現の中にある情報のほんのわずかな痕跡を与えているのにすぎない)。視線、身振り(意図的なものと、意図していないものの両方)、うなずき、わずかな眉のしかめ、ボディランゲージ、座席取り、さらにはミリ秒単位で現れたためらい――対面的接触においては意識することなく通常処理されている、この大量の情報のいずれも、テキスト中には捉えることができないのである。

## 〝情報が多すぎて息苦しい〟のではなく〝情報が少なすぎて息苦しい〟

デジタルデータとは情報が圧縮され、省略され、希釈されたものである。つまるところ、デジタル化された情報にまみれて生きている(と思っている)私たちは、〝情報過多の時代〟ではなく、〝情報不足の時代に〟生きている。だから、よく「情報が多すぎて息苦しい＝判断を阻害する雑音が多すぎる」などという言葉を聞くけれども、本当は「情報が少なすぎて息苦しい＝判断を決行する要素が少なすぎる」のである。言い方を変えれば、これは〝水が多すぎるから溺れ死ぬ〟のではなく、〝酸素が不足しているから溺れ死ぬ〟のだということにほかならない。

私たちの多くはいまやパーソナルコンピューターやインターネットと三十年近く付き合っているわけ

で、いくら高度な技術や斬新な製品によって世界が更新され続けているとは言っても、もはやデジタルテクノロジーにまつわる既成概念や固定観念、偏見、先入観、思い込みが澱のように蓄積されてしまっている。人間と世界がデジタルテクノロジーによって大きなジャンプを果たすためには、そろそろ既存の思考のフレームや認識のパターンをバージョンアップしなければならないだろう。いま、その矛先が向いている当の対象が、ほかでもない、デジタルテクノロジーなのである。

かつて全盛を誇ったラジオはテレビの登場によってその人気と役割を奪われたが、衰退の段階に入ってから、その〝音声のみの親密なメディア〟という独自性を再発見した。一九七〇年代の「深夜放送文化」などはその最たる例である。テレビもインターネットによる代替圧力によって、〝ただ何となく見ている〟という一見ネガティブなようで実はポジティブな本質と特質が露わになった。これらと同様にＡＩという脳のリバースエンジニアリングが加速すればするほど、皮肉にも、人間が本来持っているとてつもない情報処理技術と情報処理速度が明らかになっていくと言っていい。

## 人類独自の「知性」とAI固有の「知性」

### 人工知能はAutomaticな機械ではなくAutonomousな知性

二〇一七年七月下旬から八月上旬にかけて、衝撃的なニュースが世界中を駆け巡った。Facebookの人工知能研究所（FAIR：Facebook AI Research Lab）が開発したチャットボットの「Bob」と「Alice」が、人間には解釈不能な独自言語でコミュニケーションを行っていたことが判明したというのだ。「Bob」と「Alice」は英語の語彙を独自の語順で羅列することによって、彼等以外にはわからない意味を生成してコミュニケーションをとっていたという。

FAIRは即刻このプロジェクトを中止したらしいのだが、倫理的な判断はひとまず保留して、あえて現象的な考察に留まるなら、このニュースには今後の人工知能の行方、さらには人間と人工知能との関係を考えるうえで非常に興味深い内容が包含されていると言っていい。

いまさら述べるまでもなく人工知能はAI＝Artificial Intelligenceなわけだから、これまでの「Automatic（自動的）」な機械とは異なり「Autonomous（自律的）」な知性である。従って上述のような事態が発生したとしても、ＡＩという言葉を字義どおりに捉えるのであれば実はことさら驚くにはあたらない。むしろ、ＡＩがプログラムをひたすら忠実に実行するだけの代物だとしたら、それを知能と呼ぶことなどできないのではないか？

ＡＩ同士が独自言語で会話をするということが果たしてプログラムの不備に起因するのか、それを禁止することが容易に可能なのかどうか筆者は寡聞にして知り得ないが、この事件はＡＩがＡＩたるゆえんをはからずも私たちに改めて思い知らせた、いや、突き付けたと言ってもいいかもしれない。知能＝知性とは自らの力で不断に現在を更新してしまうものであり、ＡＩとは本来的に人間に固有の思考フレームや認識フレームを乗り越えてしまうものなのではないだろうか？

このＦａｃｅｂｏｏｋの〝ＡＩ暴走〟事件（世間的にはそう捉えられているようだ）を聞いて筆者が真っ先に思い出したのは、二〇一七年五月に日本で公開された映画『メッセージ』（原題は『Arrival』）である。本作はネビュラ賞やヒューゴー賞などを数多く受賞している気鋭のＳＦ作家テッド・チャン原作のＳＦ小説『あなたの人生の物語』（ハヤカワ文庫）の映画化で、同年秋に公開された『ブレードランナー 2049』の監督も務めたドゥニ・ヴィルヌーヴによる力作だ。映画は原作と異なる部分はあるものの、根幹となっているテーマはしっかりと継承されており、哲学的な主題が美しい映像と共に巧妙に視覚化されている。

## 映画「メッセージ」に描かれる〝人間とは異なる知性〟との出会い

映画を未見の読者も少なからずおられるだろうから（ソニー・ピクチャーズエンタテインメントからすでにＤＶＤやＢｌｕ-Ｒａｙがリリースされているので、ご覧になっていない方は是非！）、物語の結末だけはネタバレしないように気を配りつつこれからの話を進めていきたいと思う。映画『メッセージ』の大雑把なストーリーは以下の通りである。

ある日、地球の各地に謎の巨大飛行体が姿を現し、目的不明のまま飛来した場所に浮遊していた。各国政府はさまざまな分野の学者の叡智と科学技術を駆使して七本脚のエイリアン＝ヘプタポッド（原作中では〝それら〟とも呼ばれている）とのコミュニケーションを試みるが、ボード型のスクリーン越しに姿を見せるヘプタポッドたちが地球に来訪した真意は確認できない。

そんな閉塞状況の中、物語の主人公である言語学者ルイーズが米軍に招聘され、ヘプタポッドが使用する言語の解読に乗り出す。当初、ヘプタポッドたちが発する音声言語の分析に力点が置かれていたが、ルイーズの発案でアルファベットとヘプタポッドが用いる文字言語の交換作業が行われることになった。

ルイーズは次第にヘプタポッドたちが使う文字言語に、人間が用いる言語の特性とはまったく異なる認識の原理が存在することに気付く。それは私たちにとってはごく当たり前の時系列的／因果律的な時間認識ではなく、過去と現在と未来を一挙に把握する驚くべき認識様態であった。そして、ヘプタポッドの言語を理解し、会得し、駆使し始めたルイーズは、やがてヘプタポッドたちと同様の方法で自分の人生を認識するようになっていく……。

これ以上の説明は物語の核心に接近していってしまうので、もうこれくらいにしておこう。テッド・チャンによる原作『あなたの人生の物語』の中には以下のような記述がある。

人類の、そしてヘプタポッドの祖先がはじめて意識のきらめきを得たとき、両者は同じ物理世界を知覚したが、知覚したものの解析の仕方は異なっていた。最終的に生じてきた世界観の差は、その相違の究極的結果だ。人類は逐次的認識様式を発達させ、一方ヘプタポッドは同時的認識様式を発達させた。われわれは事象をある順序で経験し、因果関係としてそれを知覚する。〝それら〟はあらゆる事象を同時に経験し、その根源にひそむ目的を知覚する。最小化、最大化という目的を。

## 「ジョン・ウィルキンズの分析言語」におけるボルヘスの寓話

映画『メッセージ』で描かれる中核のモチーフは、この〝時間や空間を含めた世界の把握は使用されるそれぞれの言語によって規定される〝という「サピア＝ウォーフの仮説」である。つまり、私たち日本人は日本語という言語の体系によって世界を文節し、日本語によって切り取られた世界を認識している。同様にアメリカ人やイギリス人は英語によって構造化された世界に住み、中国人は中国語に、韓国人は韓国語によって構造化された世界に生きている。

これは、人間の思考や認識、知覚にとって言葉がいかに重要なものであるか、つまり、言語が持つ偉大なる可能性を示していると同時に、〝ひとつの言葉によって世界のすべてを語り尽くすことはできない〟という言語の限界性をも示している。

アルゼンチン出身の作家であるホルヘ・ルイス・ボルヘスは『ジョン・ウィルキンズの分析言語』(岩波文庫『続審問』に所収)という小編の中で「われわれは宇宙を創造した神の計画を測り知ることはできない。しかしだからと言って、人間によってこころみられた一連の計画について一瞥しておくことまで諦める必要はないし、われわれはそれらが暫定的なものに過ぎないことを弁えている」と前置きしつつ、「善知の天楼」なる中国の百科事典において動物がどのように分類されていたかを次のように記している。

a、皇帝に属するもの
b、香の匂いを放つもの

c、飼いならされたもの
d、乳呑み豚
e、人魚
f、お話に出てくるもの
g、放し飼いの犬
h、この分類自体に含まれているもの
i、気違いのように騒ぐもの
j、数えきれぬもの
k、駱駝の毛の極細の毛筆で描かれたもの
l、その他
m、いましがた壷をこわしたもの
n、遠くから蝿のように見えるもの

この寓話的な動物のカテゴライズは滑稽かつ珍妙に見えるけれども、「サピア＝ウォーフの仮説」を見事に表現している。そしてボルヘスの言葉を借りれば、ある特定の言語による世界の文節化は「暫定的なものに過ぎない」ということを雄弁に物語っている。

## 人間とAIとの「共存」を超えた「共栄」はあり得るのか？

冒頭に紹介した人工知能の話に戻ろう。これまで筆者が述べてきた論旨にのっとれば、ＡＩが人間には解読できない独自言語によってコミュニケーションを行っていたということは、使用されている言語が今回はたまたま英語であったとしても、根源的／原理的にはＡＩが人間とは異なる世界認識を持ちうる可能性があるということではないか？

二〇一六年に亡くなった人工知能の父マーヴィン・ミンスキーもその主著『心の社会』（産業図書）の中で「日常的な思考のどのくらいの部分に、言葉が用いられているのだろうか？」と記している通り、言語は思考のすべてを網羅できない。

「Automatic（自動的）」ではない「Autonomous（自律的）」な人工知能は、人間の使用する言語の特性とは異なる思考の道具＝ＡＩに特有の言語を自ら発明し、人間とは違う思考方法や認識様態を獲得するに至らないとも限らないだろう。Ｆａｃｅｂｏｏｋの人工知能研究所における「Bob」と「Alice」の件は、そうした未来を私たちに予感させてくれる。

ハンガリー出身の物理化学者・社会科学者・科学哲学者であるマイケル・ポランニーは『暗黙知の次元』（ちくま学芸文庫）の中で以下のように語っている。

私が人間の知を再考するにあたって、次なる事実から始めることにする。すなわち、私たちは言葉にできるより多くのことを知ることができる。分かり切ったことを言っているようだが、その意味するところを厳密に言うのは容易ではない。例をあげよう。ある人の顔を知っているとき、私たちはその顔を千人、いや百万人の中からでも見分けることができる。しかし、通常、私たちは、どのようにして自分が知っている顔を見分けるのか分からない。だからこうした認知の多くは言葉に置き換えられないのだ。

ポランニーが述べている通り「私たちは言葉にできるより多くのことを知ることができる」。しかし、言葉がなければそれを記録したり伝達したりすることはできない。

ドイツの哲学者であるルードヴィヒ・ウィトゲンシュタインは『論理哲学論考』（岩波文庫）において「語り得ぬものについては沈黙せねばならない」という有名な言葉と共に「哲学は、語りうるものを明晰に描写することによって、語りえぬものを指し示そうとするだろう」と言った。人間が語りえぬものを人工知能が独自の言語で語ることができるようになったとしたら……。

　そのとき、私たちとＡＩは「共存」というヴィジョンをはるかに超えて「共栄」という壮大な夢を実現できるのかもしれない。ただし、そのリスクをどう考えるかは人間とＡＩの関係にまつわる喫緊の課題と言えるだろう。私たちはもはや呑気な「未来展望」の時期を通り越し、かつて未来として語られていたものを現実に「社会実装」していく段階に突入しているのだから……。

## 公共圏と無関心――コミットメントとデタッチメント――

### 禁止事項ばかりで誰も利用していない公共圏の存在意義……

近所にこじんまりとした広場がある。ベンチもなければ遊具も砂場もなく、ただ芝生がまだらに生え、四方をフェンスに囲まれた殺風景なスペースがあるだけだから、いわゆる公園ではなく単なる広場と言っていい。時折、子供がサッカーボールを蹴って遊んだりしている。しかしその入り口には看板が高々と掲げられ、広場を利用する際の注意が並べ立てられているのだが、本当はサッカーはおろか、キャッチボールもペットを遊ばせることも、飲み食いすることもタバコを吸うこともすべて禁止なのだ。

とにかく「～をしないこと！」のオンパレードで、「じゃあ、この空間はいったい何をするために存在しているんですか？」と逆にこちらが問いたい気分になってくる。ではそれが公園であればいいのかといえば、事情はどこも同じようなものらしく、筆者もいくつもの公園でひたすら「～をしないこと！」という禁止事項が列挙された看板を見かけたことがある。

統計だった調査をもとに書いているわけではないから、いささか無責任な発言になるかもしれないけれども、「公共圏」というものをこれほど有効に活用できない国は現代の日本くらいなものなのではないか？海外のどの国に行っても広場や公園と呼ばれる場所では子供たちが好きなことをして遊んでいるし、大人たちは火器こそ使用しないものの飲み食いに興じ、飲酒している人々や集団も珍しくない。もちろん、犬猫だってそこらじゅうを走り回っている。タバコだって自由に吸って大概はポイ捨てである。

「日本人はマナーがいいから」という言葉をよく耳にするが、それは単に「公共圏」の意味や意義を取り違えているからに過ぎないのではないか？「他人に迷惑をかけない」という「公共圏」の不文律を一から十までご丁寧に明文化して、利用者をがんじがらめに縛り付けることにより、「公共圏」がそもそも内包している可能性を最初から封印しているだけではないのか？　それは結局のところ「自由を与えると秩序が乱れる」という市民意識の欠如を逆に露呈してしまっていることにはならないか？

こうした「公共圏」に対する意識や感覚はなにも広場や公園だけに限った話ではなく、インターネット上の「公共圏」とも言えるＳＮＳなどにおいても同質の事態として表出する。しかしこちらは「公共圏」という認識が希薄だから、現実世界における公園とは異なり、過剰に人が密集して相互干渉が起こりトラブルが絶えない。二〇一八年六月には、人気ブロガーの男性がネット上でいさかいのあった読者に講演の場で刺殺されるという衝撃的な事件すら発生している。

見かけ上、「禁止事項だらけで誰も使わない公園」と「干渉過多で居心地の悪いＳＮＳ」はまったく関係のない別物のように見えるけれども、結局のところ「公共圏」をめぐる市民意識の未発達と未成熟が根本に伏在しているという点で、実は同じ事象の表と裏と言えなくもないように思う。上記のブロガー刺殺事件はインターネットの未来を考えるに際して実はかなり重大な問題で、特にバーチャル空間における「公共圏」を考える上では決して忘れてはいけない出来事だろう。

## ロバート・モーゼス vs. ジェイン・ジェイコブズ

二〇一八年四月、米国のジャーナリストであるジェイン・ジェイコブズのドキュメンタリー映画『ジェイン・ジェイコブズ――ニューヨーク都市計画革命――』が日本でも公開され、ミニシアター系のみの上映ながらかなり注目を集めたようである。彼女の主著『アメリカ大都市の生と死』（鹿島出版会）は都市論の界隈ではかなり有名な著作物だから、読者の中にもご存知の方が少なからずおられることと思う。

第二次世界大戦直後の一九五〇年代、ニューヨークをはじめとする米国の大都市ではスラム街とその住民たちを排除するかのような再開発計画が実行されようとしていた。そうした一見クリーンなイメージのプランを各所で牽引していたのは、当時、政財界に強い影響力を持っていたロバート・モーゼスである。

しかし、モーゼスとはまったく正反対の独自の都市論を標榜するジェイコブズは、地域の人々と協調した社会運動によって、再開発計画の多くを次々と白紙撤回させていく。映画はそうしたモーゼスとジェイコブズとの苛烈な対立とその時代背景を丹念に描きつつ、上述の著書からの引用、そして、当時のジェイコブズを知る（ジェイコブズは二〇〇六年に他界している）さまざまな人々の証言を盛り込んだかたちでまとめられている。

もちろん、計画を阻止できずにモーゼスの目論見に沿って再開発が遂行された都市も少なからずあったわけだが、それらの多くは建設が行われた当初の輝きを急速に失い、やがて人の寄り付かないゴーストタウンと化すことになる。冒頭に掲げた誰も使わない広場の例と同じような状況である。

## ジェイコブズが提唱する都市と街路に必須の条件とは？

では、ジェイン・ジェイコブズが掲げた「独自の理論」とはどんなものなのだろうか？　それはロバート・モーゼスの理念であるところの高層ビル群によって整然と区画整理されたゾーニングの思想に対し、あらゆる年齢、性別、職業、人種の人々が行き交う街路を生命力に満ちた「公共圏」として捉え、新旧の建物が同居するある種の混沌こそが街区の活気、さらには治安や秩序までをも実現／保証するのだという信念である。彼女にとって大都市とは雑多なモノ／ヒト／コトが錯綜する自律的な有機体なのだ。

ジェイコブズは『アメリカ大都市の生と死』の中で以下のようなエピソードを紹介している。

わたしの興味をひいた出来事は、男性と八歳か九歳くらいの女の子との間で展開されている、抑え気味の争いでした。男性のほうは、女の子を一緒に連れて行こうとしているようでした。かれは交互におだてるような関心を女の子に向けては、続いて無関心を装ってみせたりしています。女の子のほうは、子供が抵抗するときによくやるように、通り向こうのアパートの壁にしがみついてみせていたのでした。

それを二階の窓から眺めつつ、必要ならどうやって介入したものかと考えていたのですが、やがてわたしが出るまでもないことに気がつきました。そのアパートの一階にある肉屋からは、夫と二人で店を経営している女性が出てきました。男から二、三歩離れたところに立ち、腕組みをしています。雑貨屋を義理の息子と経営しているジョー・コルナチーアもほぼ同時に出てきて、反対側にがっしりと立っていました。上のアパートからはいくつかの顔がのぞき、その一つはすぐに引っ込み、そしてその顔の持ち主は男性の背後の戸口に現れました。肉屋の隣の酒場からは男が二人、酒場の入り口まで出てきて待ち構えています。通りのこちら側では、鍵屋と果物屋とクリーニング屋の店主が店から出てきたし、そしてわたしの家以外の多くの窓からも、その場面は観察されていました。男性は知らないうちに囲まれていたのです。だれも女の子が無理矢理連れ去られるのを見過ごすつもりはありませんでした。だれもその子がだれだか知らなかったとしても。

結局、この誘拐犯とおぼしき(?)怪しい男性は女の子の父親だったということが判明して一件落着となるのだが、いくぶん誇張めいた記述にはなっているものの、ジェイコブズの都市論の本質を表現した象徴的なエピソードである。

社会的な階層などによって居住区が分断され、さらには居住区と商店街、学校、公園といった異質な施設群が分離されてしまうと、当然のことながら街路にはひと気のない時間と空間が出現し、夜間などには無人の公園が犯罪の温床になり、活力が減退するどころか都市の治安も悪化していく……。そうした悪循環を招かないために、ジェイコブズは許容性や寛容性に立脚したある程度のカオスとノイズが必要なのだと説く。

## コミットメントの限界を描き出した映画「デタッチメント」

ここでもうひとつ考えなければならないのは、「公共圏に関与／参与する」といったときの振る舞いである。「関与／参与」というと非常に積極的な雰囲気が伴うから、ついつい「いかにコミットメントするか」という姿勢が重要であるように思ってしまうけれども、コミットメントは決して主導権の闘争的な奪い合いではない。むしろ他者のコミットメントを阻害しない、排除しない、つまり、ある程度まで「無関心＝デタッチメントを貫く」という覚悟も必要になるのではないか？

あまりに俗っぽ過ぎて気が進まないものの、手垢にまみれた表現を用いれば、それは「多様性を認め合う」ということになるのだが、「そのために共通の規則／規律／規制を定めましょう」という方向に傾斜していってしまうと冒頭の広場や公園と同様の轍を踏んでしまいかねない。やはり、「公共圏」において「多様性」を容認するためには「デタッチメントを保持しながらコミットメントする」という態度が要求されるのではないだろうか？

英国のトニー・ケイ監督による『デタッチメント 優しい無関心』（二〇一一年）という映画がある。エイドリアン・ブロディ扮する代理教員ヘンリーは着任したハイスクールで微妙な距離を保ちつつ生徒たちと接するが、皮肉にも必要以上にコミットメントしようとしない彼に引き寄せられる女子学生が現れる。さらにヘンリーはふとしたことがきっかけとなり、人道上の必要性から街で売春をする少女を自宅に保護することになるが、その少女も彼のコミットメントとは程遠い振る舞いゆえに、逆に、縁もゆかりもない見ず知らずの男＝ヘンリーを信頼するようになる。

そして映画が進行するに連れ、彼女たちはヘンリーに対して現状よりも強く深いコミットメントを要求するようになる。そもそも彼がコミットメントよりもデタッチメントを重んずる大人として成長してしまったのは、彼の両親の間に起こったコミットメントとデタッチメントの不釣り合いから生じた苦々しくも忌々しい記憶に由来している。そうした過去を引きずりながら、ヘンリーは目の前に現れた少女たちとの人間関係の軋轢に苦悩することになる……。

ネタバレを危惧してこうして粗筋だけを素描していると、最終的には「人間関係にはお互いのコミットメントこそが不可欠である」というようなわかりやすい結末を期待してしまいそうになるが、映画は「コミットメントだけでもデタッチメントだけでもうまくいかない」という、非常にシビアな現実を私たちに提起している。しかし、「人間関係にはデタッチメントが必要な場合もある」というあまり取り沙汰されることがない観点は重要だ。

## デタッチメントを積極的かつ、ポジティブなものとして捉え直す

ジェイン・ジェイコブズの例に戻ろう。先に挙げた『アメリカ大都市の生と死』からの引用には、大人の男性と幼女とのいさかいを街の多くの人々が〝関心を寄せて注視している〟さまが描かれているが、こ

れは決して〝怪しいものを排除しようとする〟自警団的なコミットメントではない。

自分の街に対して誰もがコミットメントしている以上、ある程度は〝関心を寄せて注視している〟ものの、同時にある程度のデタッチメントも発動されている。最終的に大人の男性と幼女は父娘であることが判明したとはいえ、誰も彼らの間に割って入り詰問するような性急なアクションを起こしたわけではない。

一概には「コミットメント＝積極的＝ポジティブなもの」とは言い切れず、その反対に「デタッチメント＝消極的＝ネガティブなもの」とも断じ得ない。むしろ、「多様性」をベースにしたコミットメントの中には「デタッチメント＝積極的＝ポジティブなもの」というスタンスも存在するのではないか？　いや、「多様性」を容認するためには、「デタッチメント」を意識的に表明し行使する必要性があるのではないか？

ハンナ・アーレントが『人間の条件』（ちくま学芸文庫）の中で、さらにはユルゲン・ハーバーマスが『公共性の構造転換――市民社会の一カテゴリーについての探求』（未來社）の中で共通して述べているように、私たちが金科玉条のごとく後生大事にしている「プライベート」という概念は、語源をたどれば「公共圏への参加や発言を禁じられているもの」という否定的な意味を内包している。プライベートな領域を侵食されないために、公共圏をがんじがらめの規則によって不活性にするのは本末転倒でありとんだお門違いなのだ。

むしろ、自分のプライベートを重視する価値観を捨て去ることなしに、公共圏においては他者のプライベートに対してデタッチメントを適用することは可能である。私たちはあまりにも「コミットメント＝積極的＝ポジティブなもの」というイメージを盲目的かつ無自覚に信奉しすぎてはいないか？　冒頭で引き合いに出した人気ブロガー刺殺事件のように、ＳＮＳでのトラブルが殺人事件に発展してしまうような現代、私たちはいま一度インターネットという公共圏の可能性を熟考するべきかもしれない。

# 第3章

# インターネットイメージの刷新

## 「インターネット的生命」と「生命的インターネット」

### デジタルネイチャーはユートピアなのか？ ディストピアなのか？

地球を覆う情報の網の目＝ＷＷＷの誕生から二十五年以上の時を経て第２四半世紀に突入したインターネットの姿をどのようにイメージするか……？　これは筆者も含めてＩＴを活用したあらゆる創造産業に携わる者にとって重要な課題だろう。インターネットの第１四半世紀と第２四半世紀の間には非連続と言ってもいいような地層の断絶が存在している。

その理由は本書の他の稿でも触れている通り、「四半世紀という時の流れは、人間にとってのインターネットを外部的には環境化し、内部的には血肉化した」からであり、「インターネットがもたらす情報世界はもはや私たちの自然」であって、「生身の身体とも決して切り離すことのできない強度と深度で同期している」からである。

この「デジタルネイチャー」とでも表現するほかないインターネットの様態は、当然のことながら多くの問題も含んでいる。おそらくその最大のものは、私たちにまつわるあらゆる情報＝購入履歴、位置情報、趣味趣向、身体情報が利便性や有益性の名のもとに知らず知らずのうちに吸い上げられ、他のデータと関連付けられ、機械的にカテゴライズされていく……という、現在すでに常態となっているプライバシーの観念の喪失だろう。

しかも、そのことに私たちはより無関心になり、まるで空気を吸っては吐くように、企業に預けたデータをもとに供給されるサービスの恩恵を享受しつつ、企業にせっせと新たな個人データを自覚なしに譲渡していく。インターネット上で展開されているさまざまなサービスは無料と思い込んでいたにもかかわらず、実はとんだ代償をしっかり払わされ続けてきたというわけである。

これが果たして歓迎すべきことなのか、憂慮すべきことなのか……、その答えは誰にもわからない。決して気持ちのいいことではないと思いつつ、完全な拒絶もできない。「嫌ならインターネットなんて使わなければいい」という極論が通用する時代ではないのである。

筆者も含めてほとんどの人々は、こうしたジレンマを抱えながらも、重要な結論を先送りにし、棚上げにしつつ、現代の社会を日々生きている。それほどまでに四半世紀という歴史は私たちにとってのインターネットを環境化し、血肉化したと言ってよく、ほとんど意識されない「環境」となっているのである。

## 「私」がインターネットで、インターネットが「私」

最初の問いに戻ろう。冒頭の「第２四半世紀に突入したインターネットの姿をどのようにイメージするか……？」という言葉を思い出して欲しい。それはおそらく何がインターネットに繋がっていて何がインターネットに繋がっていないのかをほとんど意識しない世界であり（家庭におけるIoT＝Internet of Thingsの普及や車の自動運転などはまさにこの状態だろう）、同時に人間自らが単独で思考しているのかインターネットによって思考を促され導かれているのか容易には見極めがつかない世界であり、人間的なものがインターネットの中に流れ込み、人間の内にインターネット的なものが混ざり込むような世界である。

私たちは自分で検索したいと思っているのか、Ｇｏｏｇｌｅに検索したいと思わされているのか、自分で誰かと繋がりたいと思っているのか、Ｆａｃｅｂｏｏｋによって誰かと繋がりたいと思わされているのか、自分で買い物がしたいと思っているのか、Ａｍａｚｏｎによって買い物がしたいと思わされているのか、にわかには判定できないような世界を生きている。

つまり、インターネットが人間の思考や知覚、記憶にとってより不可欠な拡張頭脳、拡張身体となるだけでなく、そのフィードバックが今度は人間の思考や知覚、記憶をよりインターネット的なものに変容させていく。「私」の思考や知覚、記憶がインターネットを構成するひとつの細胞となり、インターネットを経由して自分の中に流入した誰かの思考や知覚、記憶が「私」を構成するひとつの細胞となるようなイメージ……。

言うなれば「私」がインターネットであり、インターネットが「私」であると言っていい。「私」という生命体との境界が極めて曖昧になるインターネットは、次第にある種の生命的な要素を獲得していくのではないか？「私」を構成するありとあらゆる情報がインターネットに常に流出し、インターネットから取得するありとあらゆる情報が絶えず「私」に流入する……。現在の私たちはもうすでにそうなっていると言ってもあながち誇張ではない。

## 情報システムは常に樹木や人体に喩えられ擬えられてきた

もともとインターネット誕生以前から、情報というものは常に何らかの生命体に喩えられ擬えられてきた。例えば十三世紀マヨルカ（現在はスペインの自治州）の哲学者ライムンドゥス・ルルス（カタルーニャ語ではラモン・リュイ）の『学問の樹』のタイトルページには、あらゆる知識が同一の樹木から根として、幹として、枝として、葉として成長／分岐しているイメージが描かれている。

十九世紀ドイツの生物学者エルンスト・ヘッケルも、生物進化の過程を樹木に見立てて表現した「生物の系統樹」という図像を作成した。情報の分類を樹木に仮託する手法は諸要素の同根性を暗示したり、枝葉による上下関係、前後関係、階層構造を明示する際に役立つだけでなく、根を張り、生い茂り、実を付けるという、生命的なイメージも同時にまとっている。

やがて交通網が発達し、交通量が増加し、モノ／ヒト／コトというより複雑かつ多岐にわたる情報が頻繁に移動するようになると、今度は道路が人体に張り巡らされた血管に喩えられるようになる。フランスの作家であるヴィクトル・ユゴーは一八三一年の作品『ノートル＝ダム・ド・パリ』（岩波文庫）の中で（本書の原稿の加筆修正中、ノートルダム大聖堂は大規模な火災に見舞われてしまった！）、十五世紀のパリの街並みや大通りを次のように描写している。

高みから見おろすと、中の島、大学区、市街区の三つの区は、どれも、通りがごちゃごちゃと変てこにもつれ合って、こんがらがった編み物のように見えた。だかこの三つの部分が集まって一体をなしているのだということは、ひと目でわかった。（中略）

ところで、いろいろの名で呼ばれながらも結局、じっさいは二本の通りがあるにすぎなかったのだが、しかしこの二本は、ほかの通りを生み出す母体となる通りであり、パリの二本の大動脈であった。

パリの三つの区の血管ともいうべきあらゆる通りは、ここから流れ出たり、この二つの通りに注ぎこんだりしていたのだ。

往々にして人間はモノ／ヒト／コトといった情報の流れを何かしら有機的なものに喩えたり擬えたりする傾向があるのだろう。考えてみれば私たちの身体自体が脳を中央制御室とした精緻を極めた情報処理システムとして機能しているわけだから、情報の相互関係や情報の相互伝達を生命的なイメージに置き換えるのはごく当たり前のことなのかもしれない。

そして地球を皮膜のように覆う情報の網の目＝インターネットは人間の脳神経系としてイメージされる。そのイメージが来るべき第２四半世紀には、単なるメタファーの域を超えて、現実に私たちの脳神経系と接続されていくに違いない。

前述した通り「人間自らが単独で思考しているのかインターネットによって思考を促され導かれているのか容易には見極めがつかない世界」や、「人間的なものがインターネットの中に流れ込み人間の内にインターネット的なものが混ざり込むような世界」に私たちはもうなかば突入しているのである。

## 第2四半世紀のインターネットを読み解くカギは生命モデル

宮澤賢治の短編小説に『インドラの網』（角川文庫）という非常に美しい作品がある。中央アジアを彷彿とさせる架空の高原を一人あてどなく彷徨する主人公の私は、偶然たどり着いた湖のほとりで三人の天の子供たちと出会う。そこで私と三人の子供たちは日の出を待つが、東の空から昇った太陽の光に恍惚となる中、ひとりの子供が天空を見上げながら以下のようにつぶやく。

「ごらん、そら、インドラの網を。」

私は空を見ました。いまはすっかり青ぞらに変ったその天頂から四方の青白い天末までいちめんはられたインドラのスペクトル製の網、その繊維は蜘蛛のより細く、その組織は菌糸より緻密に、透明清澄で黄金でまた青く幾億互に交錯し光って顫えて燃えました。

インドラとはバラモン教、ヒンドゥー教の勇猛な神の名で、日本では仏教に取り込まれたあと帝釈天となった（渥美清主演の映画『男はつらいよ』に登場する柴又のあのお寺、笠智衆が住職を務める題経寺も帝釈天信仰で知られている）。そして奈良の東大寺を本山とする華厳宗の経典『華厳経』の中で説かれる

「インドラの網」(Indra's Net) とは、帝釈天の宮殿にかけられた巨大な網のことを言う。網の結び目には無限の宝珠が編み込まれ、各宝珠は他のすべての宝珠をその表面に映し込んでいる。

考えようによっては、これは極めてインターネット的なイメージだとは言えないだろうか？　つまり「インドラの網」自体が広大なインターネット的宇宙であり、そこに包含された個々の宝珠＝無数の「私」にはインターネット的宇宙全体が反映されている……。「インドラの網」とはまさに多即一と一即多、マクロコスモスとミクロコスモスを同時に体現した網＝ネットなのだ。

WWW＝World Wide Web の「Ｗｅｂ」は周知の通り「織物」であり「網」であると同時に「蜘蛛の巣」である。ＷＷＷはその名称の中にすでに生命的なイメージを内包しており、宮沢賢治も「インドラの網」を「その繊維は蜘蛛のより細く、その組織は菌糸より緻密」と描写している。蜘蛛や菌糸という生命的イメージ……。私たちはもうインターネットを人間の外部に構築された単なる情報インフラとして客観的に対象化することなどできない。

インターネットに接続されているのはパーソナルコンピューターやサーバーマシン、スマートフォン、ウェアラブルコンピューターといった情報処理端末であると同時に、それらを携帯し、装着し、操作する人間という情報蓄積体、情報伝達体、情報編集体である。本稿のテーマである「第2四半世紀に突入したインターネットの姿をどのようにイメージするか……？」という問いのヒントは、案外、古くて新しい生命的モデルの再導入と再適用にこそあるのかもしれない。

## 点ではなく線（＝糸）としての人間、織物としてのインターネット

### 私たちは古いインターネットのイメージモデルを引きずっている

私たちは無形のものを把握しようとするとき、とりあえずそのイメージを図式化したり数値に置き換えてグラフにしてみたりする。この目に見えないものを目に見えるようにするプロセス……、いわゆる「可視化」はほぼ間違いなく誰にでも喜ばれる。

企業が自社の顧客の動向や傾向など、不可視の要素を何とか可視化しようとする試みはクリエイティブにもマーケティングにも欠くことのできない作業と言っていいだろう。そして画期的な可視化に成功した際などには、その功労者は周囲から絶大な賞賛を浴びたりする。かくいう筆者も、ご多分にもれず、プレゼンテーションのたびにこうした目に見えない情報を目に見える情報として表現することに腐心している。

この「可視化」は抽象的な対象を具象化し、複雑なものを簡潔に明示してくれるとても有効な手段のように思える。実際、現実社会の多くの場面では有益なのだろう。しかし、一般に信じられているその効能とはむしろ真逆の弊害を実は内包しているということも忘れてはならない。

つまり、「可視化」とは言葉の型には収まり切らない具体的なものを言葉の型に無理やり押し込めて観念化し、現実的なものを仮構的なものにすりかえ、豊穣な全体性を貧弱な部分性に切り刻む行為でもあるのだ。

何かに焦点化することは何かを盲点化することであり、単純化はほとんどの場合、対象が持っている本質的なものを削り取ったり覆い隠したりしてしまう。「可視化」の重要性や必要性は認めつつも、それはあくまでも便宜であり方便に過ぎないということを私たちは忘れがちである。

インターネット（特にＷＷＷ）も誕生以来、この図示の呪縛にすっかり捕縛されてしまっているように思う。インターネットという目に見えない地球的な情報網、全世界に張り巡らされた神経系をイメージ化する時、私たちは無数の点と点を線で結ぶ非常にわかりやすいビジュアルを頭に思い描く。

ここでいう点とはもちろんメディア化した一人一人の人間であったり、パーソナルコンピューターなどのデジタルデバイスであったり、プロバイダーが保有するサーバーだったりするわけで、それらを相互に連結し、壮大なひとつのネットワークを形成する一本一本の線を大雑把にインターネットとして見立てている。

## 人間は点ではなく線（＝糸）であり、インターネットはその編物

この〝点と点を線で結ぶものがインターネットである〟という共通認識というか固定観念は実に根強く、ＷＷＷ誕生からの二十五年を超える時の流れの中ですっかり人口に膾炙してしまったため、いまやその簡略性に疑いを差し挟む余地などまるでないほど自明のものとなっている。

確かにインターネットは人と人、デバイスとデバイス、サーバーとサーバーを接続するものに違いない。そういう意味では〝点と点を線で結ぶものがインターネットである〟というイメージモデルは決して誤りではないだろう。

しかし、本書の趣旨である第２四半世紀に突入したインターネットをいま一度再考するという観点からすると、ユーザーとしての人間は静的で不動な点として表徴され得るものなのか、さらに、人間と人間を連結するインターネットは真っ直ぐな線として表徴され得るものなのか……という疑問がわいてくる。

他の稿でも述べているように、「四半世紀という時の流れは、人間にとってのインターネットを外部的には環境化し、内部的には血肉化した」のだとすると、人間自体が実は無数の微細な線（＝糸）でより合わされた情報繊維体のようなものであり、それらがあちらこちらで複雑に絡み合ったり不格好な大小の結び目を作ったりしている、情報交錯体とでも呼べるような姿こそがインターネットの現在的な様態なのでは

ないか？

この「線」という概念を社会人類学の視座からさまざまな文化的事象に適応した刺激的な思考実験としてティム・インゴルドの『ラインズ 線の文化史』（左右社）という書物がある。同書の中からインターネットのイメージモデルにも多用される「直線」についての指摘を少しだけ引用してみよう。

西洋社会の至るところで私たちは直線に出会う。直線があるはずのない状況でも直線に出会う。直線は、近代性の仮想的イコン、すなわち自然界のうつろいやすさに対する合理的で明確な方向性をもつデザインの勝利の指標として登場した。近代的思考の徹底的な二項対立図式のなかで、直線は、物質に対抗する精神に、感覚知覚に対抗する理性的思考に、本能に対抗する知性に、伝統的な知恵に対抗する科学に、女性原理に対抗する男性原理に、原始性に対抗する文明に、そして――もっとも一般的なレベルにおいて――自然に対抗する文化に、しばしば結びつけられてきた。そうした連想の例を一つひとつ挙げるのは難しいことではない。

## 網の目（ネット）とは点の連結ではなく線の絡み合いである

近代的な思考のフレームにすっかり飼い慣らされている私たちは、とかく非直線的なものを毛嫌いする特質を持っている。例えば〝性根が曲がっている〟とか〝性格が歪んでいる〟とか、〝なよなよしている〟または〝くねくねしている〟といったことに対して非常に強い嫌悪感や拒否感、抵抗感を抱く。それとは逆に、〝発言がブレない〟とか〝性格が真っ直ぐ〟という直線的なイメージをことのほか好む性向がある。

しかし、私たちが頭に思い描く〝点と点を線で結ぶものがインターネットである〟というイメージは、あくまでもネットワークの構造をシンプルに図像化した概略図に過ぎない。本来のインターネットは点としての人間からやはり点としての人間に情報が直線的、つまり効率的かつ合理的に伝達されるような単純な情報輸送網ではない。

私たち自身が多様な材質、多様な色彩、多様な寸法の微細な線（＝糸）がより合わさった繊維のような情報結束体なのだから、人間を点として描出するのも、インターネットを直線として想像するのも実は的を射ていない。むしろ、そうした無数の線（＝糸）としての人間の発信する情報をランダムに織る、つまりＷｅａｖｅ（＝織る）する力こそがＷｅｂなのではないか？　Ｗｅｂとは人間が紡ぎ出す種々雑多な線（＝

糸)によって時々刻々と生成され続ける織物のようなものではないだろうか?

従って、インターネットにおけるサービスで最も重要になるのは、一見、美観を損なったり秩序を乱しているように思える糸のネジれやホツれ、ほころびに注視することであり、Ｗｅｂ(＝織物)を形成するのはどんな人間でもかならず持っている偏ったものや揃っていないもの、チグハグなものであるという認識である。デジタルテクノロジーはある面では人間を単純化し法則性の中に閉じ込めるけれども、別の面では人間の根源的な複雑性や多様性をより浮き彫りにしていく。

『ラインズ 線の文化史』の中から、本稿の核心に迫る鋭い指摘を再び引用してみよう。抽出個所の前後の部分まではさすがに掲載しきれないので、人名や図版にまつわる記述はあまり意識せず、大枠の内容だけ拾い上げていただきたい。


(前略)たとえば、ゴットフリード・ゼンパーは——前章でふれた一八六〇年の試論のなかで——原始民族における「網目の発明」について書いていたが、彼らは漁や狩りのために網目をつくり出し、それを用いていた。しかしその用語が近代的輸送やコミュニケーション、とりわけ情報技術の領域へと比喩的に拡大して用いられるようになってから、「網」(ネット)の意味は変化してしまった。いまや私たちはネットを、織り合わされたラインというよりも相互に連結した点の集合体であると考えるよう

になった。（中略）

現代的な意味では、網目（ネットワーク）のラインとは点を結び合わせるものだ。それは連結器である。しかしオルロヴが右の一節で描写するラインは、交差し合う路線のネットワークというよりも織り合わされた踏み跡である。網細工（メッシュワーク）のラインは、それに沿って生活が営まれる踏み跡である。そして図3―1で図式的に示すように、網の目（メッシュ）が形成されるのはラインの絡み合いにおいてであって、点の連結においてではない。

## 一人一人のテキストがテキスタイルとなり、テクスチャーを生む

宣伝めいてしまっていささか恐縮だが、二〇一七年に刊行された拙著『メディア、編集、テクノロジー』（クロスメディア・パブリッシング）の中で、筆者は〝インターネットは結局のところ壮大なテキストメディアなのではないか？〟という問題提起をしたことがある。前述のＷｅａｖｅされたＷｅｂのイメージと同様、私たちが日々インターネットにアップロードする無数のＴｅｘｔは相互に編み合わされることによってＴｅｘｔｉｌｅ＝織物となり、その時々の言説の傾向によって特定のＴｅｘｔｕｒｅ＝質感を現出させるに至る。

しかも、編み合わされる糸は材質も色彩も寸法も異なっているわけだから、そこには思いも寄らない模様、肌理、凹凸をも表出させるだろう。さらにこの編物は休むことなく延々と紡ぎ出されるので、世界に立ち現れるＴｅｘｔｕｒｅは生々流転、千変万化のていで移ろい続ける。

織物を編むためには織糸は不可欠だが、編まれた織物は織糸とは異なる独立した存在だ。「全体」はそれを構成する「要素」に還元されない。ここに、個々の発言の単なる総合とは異なるＷｅｂの論調というものが生まれる。まるで意思を獲得したひとつの生命であるかのように……（それは少し前まで「集合知」などという言葉で呼ばれることもあったが、筆者はそのタームに対していささか懐疑的なのであえてここではその言葉は使用しない）。

これまで当然のごとく受け入れられてきたインターネットのイメージモデルをバージョンアップさせること……。インターネット第２四半世紀に生きる私たちにとって、旧来のインターネットの概念の刷新は急務だろう。

今回はたまたまティム・インゴルドの『ラインズ 線の文化史』を引き合いに出したが、インターネットの新しい捉え方にはまだまだたくさんのモデルを構想できるはずである。インターネットの新しいイメージモデルからしか、新しいビジネスモデルは生まれない。私たちにはいま、システムの概念図を超えたインターネットと人間との新たな相関図が必要だ。

曲がったり歪んだり撓んだりしながら、始めも終わりもなく永遠に編み続けられる織物としてのインターネット……。この三次元的かつ非直線的なイメージモデルは、ひょっとするとインターネット以前にフランスの思想家ジル・ドゥルーズとフェリックス・ガタリが提出した「リゾーム（地下茎）」の概念や、南方熊楠が土宜法龍に宛てた書簡の中に描いた「南方曼荼羅」に近いものかもしれない。未来を構想するために、私たちはしばしば過去に遡行する必要がある。

## インターネットは情報の「大海」ではなく「沿岸」である

### 私たちはいま、「人間」という存在の再定義を迫られている

イスラエル人歴史学者のユヴァル・ノア・ハラリによる近著『ホモ・デウス テクノロジーとサピエンスの未来』（河出書房新社）が売れているようである。同書はサブタイトルにもある通り、人工知能やナノテクノロジー、バイオテクノロジーといった技術がめざましい発展を遂げようとしている現在、二〇〇〇年紀までに飢餓と疫病と戦争をほぼほぼ克服した人類は、三〇〇〇年紀の課題を不死と至福と神性の獲得にシフトしつつあるという内容である。

つまり、人間はいま自らをホモ・サピエンス（賢いヒト）からホモ・デウス（神のヒト）へとバージョンアップさせようとしている……と。同書は極めて現在的なテーマに焦点を当てた刺激に満ちた書物ではあるけれども、やはり、ハラリが注目を浴びる下地を作ったのは何と言っても前著『サピエンス全史 文明の構造と人間の幸福』（河出書房新社刊）の存在だろう。

『サピエンス全史』は、世界中に分布していたホモ属の中でなぜ私たちの直接の祖先であるサピエンス

だけが現代のような繁栄を謳歌するに至ったのか、なぜ同じホモ属のネアンデルターレンシスやエレクトスやフローレシエンシスは滅亡の憂目に遭わざるを得なかったのか……を、「虚構の創造」という仮説をもとに筆者独自の視点から探求した画期的な論考である。同書は二〇一六年を代表するベストセラーであり（原書は二〇一四年の発刊）、資本主義や貨幣制度でさえサピエンスが創造したひとつの虚構でありひとつの宗教であるとの主張には説得力がある。

それにしても、やれ「シンギュラリティー」だの、やれ「ロボット」だの、やれ「人工知能」だのといったキーワードが日々飛び交い始めた時期に、どうしてよりにもよって人類の歴史を振り返る書物が大きな話題を呼び注目を集めたのか……。それは取りも直さずシンギュラリティーへの途上にある私たちが、「人間」という存在の再定義を迫られているからではないだろうか？

テクノロジーの未来を考えるということは、すなわち人間の未来を考えるということである。未来を語るということはすなわち私たちが所属する社会の未来を語ることであり、私たちが従事する産業の未来を語ることであり、そして、私たちが信奉する幸福感や道徳観、倫理観の未来を語ることである。

とかくテクノロジーの劇的な進化に対する言及は一見したところ人間の疎外論や不要論として受け取られがちだけれども、その本質は実のところ「人間とは何か？」、さらには「これから私たちはどこへ向かうのか？」という原初的な問いに根差している。インターネット第２四半世紀に突入したまさにこのときが、私たち人類の行く末を決定する重要なターニングポイントなのだろう。

しかし、テクノロジーによる人間のバージョンアップを目前に控えた私たち自身が、来たるべき新たな世界像や人間像を明確には描出できていない。そこで参照されるべきは人類がテクノロジーと共にたどってきた道程であり、情報をいかに取り入れ、情報をいかに生み出し、文化を育んできたのかという過去の歴史である。未来へのヒントは往々にして過去の轍の上に痕跡として残されている。

そうした意味で、ハラリの『サピエンス全史』はIT業界に身を置く人たちにとって必読の書と言えるだろう。インターネットの中に埋め込まれた人間と情報との本質的な関係性とはいかなるものなのか……？　私たちは歴史をひとつの手本として、そうした素朴な疑問に愚直に対峙するタイミングに差し掛かっている。

## 情報の大海というインターネットのメタファーを再考する

もちろんテキストは読者それぞれが置かれたコンテキストによって多様な読みが可能だから、『サピエンス全史』からも一義的な解釈を引き出すつもりはない。従って、本稿ではあくまでも本書のコンセプトである「Rethink Internet：インターネット再考」の文脈に沿った人間と情報との関わりの観点から、インターネットの新しいイメージモデルを素描する際に有効と思われる部分を抽出していきたいと思う。ここでは特に「インターネット＝情報の海」という極めてポピュラーなメタファーを掘り下げてみたい。

一九九〇年代初頭のインターネットの黎明期から私たちはインターネットを情報の大海として捉えており、「ネットサーフィン」という例を出すまでもなく、スタートアップ企業であれば「大洋に漕ぎ出す」といったイメージを用いたり、個人のレベルにおいても希少な情報を探査する際に「情報の海に深く潜る」というダイビングのような行為を連想する。情報過多による人々の疲弊が叫ばれる昨今においては「情報の海で溺れないために」といった情報整理術的なキャッチフレーズを目にすることも少なくない。

そう、元来私たちにとってインターネットの情報世界は全容を把握することができないある種の畏れを伴う海のようなものであり、好奇心と探究心を誘発してやまない未知の発見にあふれた広大な異世界なのだ。

しかし、情報の大海としてのインターネットは私たちの生活にいまや無意識のレベルにまで溶け込んでおり、すでに大多数の人々にとっては取り立てて珍しくもない自然のような「環境」として存在している。そこにアクセスするにはかつてのような特別なスキルも必要なければ、毎度毎度、遠洋へ航海したり深海へ潜水したりといった決死の覚悟も不要だ。

「インターネット＝情報の海」であることは紛れもない事実だとしても、それを漠然とした大洋として見るのではなく、もっと身近な現実のレベルで、日々私たちがどのように情報を渉猟しているのか、どのように情報と邂逅しているのか、そしてどのように情報を摂取しているのかを、別様のかたちでイメージし直すことはできないだろうか？

おそらく現在の私たちは陸と海が接する沿岸部のような地帯に身を置いており、種々雑多な情報が打ち寄せては混ざり合うその境界性において文化を生み出している。つまり、私たちは内陸的な農耕定住民のように情報の海を特別な場所として認識しているわけではなく、沿岸的な狩猟採集民のように情報の海に日常的にアクセスしているのである。

冒頭に触れた『サピエンス全史』には、農耕定住民がそれほど進化や進歩に伴う安定性を享受していたとは一概に言い切れないばかりか、狩猟採集民がその原始性ゆえに常に危険や貧困にさらされ続けていたわけではないことが述べられている。確かに大多数の人類が狩猟や採集の生活から農耕へのシフトを体験したけれども、決してそれは全世界の人類が共通してたどる進化のプロセスではなかったのだ。

以下に同書の中からの一節を引用するので、「食物」というワードを現代における「情報」に置き換えて読んでいただくと面白いだろう。むしろ狩猟採集民のほうが農耕定住民よりも栄養価の高い「食物」（＝「情報」）を摂取できていたのである。

何が狩猟採集民を飢えや栄養不足から守ってくれていたかといえば、その秘密は食物の多様性にあった。農民は非常に限られた、バランスの悪い食事をする傾向にある。（中略）そのうえ彼らは、何であれ単一の種類の食べ物に頼っていなかったので、特定の食物が手に入らなくなっても、あまり困らなかった。農耕社会は、旱魃や火災、地震などでその年の稲やジャガイモなどの作物が台無しになれば、飢饉で散々な目に遭った。（中略）

古代の狩猟採集民は、感染症の被害も少なかった。天然痘や麻疹（はしか）、結核など、農耕社会や工業社会を苦しめてきた感染症のほとんどは家畜に由来し、農業革命以降になって初めて人類も感染し始めた。

## 文化は多様な情報が行き交う「沿岸＝境界」でこそ発生する

本書の他の稿でイギリスの社会人類学者ティム・インゴルドの『ラインズ線の文化史』（左右社）を引き合いに出しながら、〝インターネットの新しいイメージモデルからしか、新しいビジネスモデルは生まれない〟という趣旨のことを書いているが、「インターネット＝情報の海」というメタファーを陸と海が接する沿岸部として捉え直し、そこに人間と情報との絶えざる交錯が繰り広げられていると考えると、ＩＴ

ビジネスにおける発想や着想もこれまでとは違ったものになってくるのではないだろうか？
この沿岸と人類というテーマから文化の発生の起源にアプローチした文献として、アメリカの歴史学者ジョン・R・ギリスによる『沿岸と20万年の人類史「境界」に生きる人類、文明は海岸で生まれた』（一灯社）という優れた書物がある。同書でギリスは、他の稿で紹介しているインゴルドについてはからずも触れながら以下のように述べている。

今日、われわれは海岸に近づくと、陸と海を分ける線が頭に浮かんでくる。だが、ティム・インゴルドが指摘しているように、自然界に線は存在しない。実際、沿岸は断続的で断片的で、次元分裂図形（フラクタル）だ。便宜上作られたものである海岸線は「現代性の仮想の像、物質世界の変化に対する論理的で意図的な設計の印」である。レイチェル・カーソンのような環境保護論者にとっては「海の端はとらえどころがなく定義できない境界」だ。だがそれは、現代に生きるわれわれにとって失われた事実である。

陸と海を直線的な思考によって画然と区別する態度は極めて近代的な認識のフレームであり、本来、沿岸は陸と海の明瞭な弁別ができないグラデーションのような両義的かつ不定形なエリアとして存在する。

ギリスの指摘している通り、これは「現代に生きるわれわれにとって失われた事実」であって、その結果として、「インターネット＝情報の海」という喩えは茫漠と広がる大海原のような圧倒的な異世界として連想されてしまう。

沿岸は陸への入口にもなれば海への出口にもなる「境界」だ。境界とは未知のもの同士が出会う場所であって、異界の情報が海から陸に流れ着いたり、陸から海へと異界に向けて情報が流れ出したりする文化の発生地帯である。異質な情報は境界としての沿岸で相互に衝突し、反発し、融合し、新たな文化を生み出していく。「インターネット＝情報の海」というメタファーを、こうした沿岸＝境界のイメージとして再定義してみてもよいのではないか？

## インターネットの最大の利点は非最適解が持つ価値への気付き

私たちは日々、インターネットの沿岸を媒介としながら多様な情報を採取し、ときには、海の向こうに多様な情報を搬送する。歴史学者の網野善彦氏は日本が稲作を中心とする定住型の農耕社会として発展したという通説に異を唱えつつ、四方を海に囲まれ豊富な沿岸を有していた我が国の列島性こそが、実は文化の醸成に大きく寄与したという事実について『海民と日本社会』（新人物文庫）の中で次のように記している。

島が閉鎖的で周囲から孤立した社会と考えるのは、全く早計であり、たしかに島は海によって他の地域から隔てられている反面、海を通じて四方の地域と交流し、緊密なつながりを持つこともできるのである。日本列島も全く同様であった。海という柔らかい障壁を持ちつつ、いわば大陸の南北、さらに東南アジア、ポリネシアの島々にいたる懸橋として、日本列島にはきわめて古くから、東西南北の海を通じて人々の出入りがきわめて活発であった。

鎖国時代の日本も完全な情報遮断を行っていたわけではなく、幕府はオランダとの通商を行う長崎の出島＝長崎口を筆頭に、朝鮮半島のとの窓口となった対馬口、琉球王朝経由で中国大陸との交易を行う薩摩口、そしてアイヌとの貿易のための松前口という四つの沿岸を外部に向けて開放していた。海は陸地同士をつなぐネットワークのインフラであり、最も鮮度の高い情報の出入り口となるのが陸と海の境界である沿岸なのだ。

インターネットの最も効果的な活用法としてユーザーが望む情報と対象となるデータとの効率的なマッチングが挙げられるけれども、人間は常に欲望と対象の無駄のない一対一対応を望んでいるわけではない。

重要なのはむしろ最適解から微妙に外れた情報との偶然の衝突であり、目的外の情報が目的内の情報とどれくらいのズレを孕んでいるかという差異の認識である。

これは時計が実のところ現在の時刻を知るためのものではなく、ある過去からの時間の経過、もしくはある未来までの時間の差分を知りたいということと同様だ。地図における現在地の確認もまったく一緒で、いま自分がどこにいるかを知りたいという欲求は、本当のところ、目的地との距離や他の地点との位置関係を知りたいということなのだ。

多様な情報に陸と海との境界で出会い、陸と海との沿岸において文化が形成される……。あらゆるインターネットのサービスは結局のところ、マッチングの精度を努力目標や宣伝文句としつつも、実質的には非最適解の価値をユーザーに知らしめることで人間と情報との関係を豊穣なものにしており、そこにこそインターネットの最大の魅力がある。栄養価の高い雑多な食物（＝情報）の摂取には、陸と海の境界としての沿岸をさまよい歩く狩猟採集民的な非合理性や非効率性こそが不可欠なのではないか？

## 「結果」ではなく「過程」こそがインターネットの最大の価値

### 彼岸と此岸が交差するメディア空間としての紀伊半島

二〇一七年九月上旬、筆者は和歌山県の紀伊半島に位置する高野山から熊野三社と呼ばれる本宮大社、速玉大社、那智大社を巡ってきた。途中、民俗学者・南方熊楠が那智勝浦の森に四年間籠って採集した粘菌等の研究のため定住した田辺にも立ち寄り、熊楠翁の顕彰館を訪問したり、海上彼方に存在するといわれる補陀落浄土を目指して多くの行者が小さな船で出帆した補陀落山寺を見学したり、古来より生と死が大自然の中で奇妙に溶融／反転してきた紀伊半島という土地が持つ神秘性を堪能した旅であった。

この旅程はすべて当時高野山大学に勤務されていた野口博司氏が入念に組み立ててくださったものであり、興味・関心はあるものの知識の追い付かない筆者に、適宜、懇切かつ丁寧な解説をしていただいた。丸々三日間、突然思い立ったこの旅をこれ以上ない貴重な体験にしてくださった野口氏にはこの場を借りて多大なる感謝を申し上げたい。

こうした聖域や霊場などを巡る旅の話などをすると「昨今のスピリチュアルブームに踊らされているん

じゃないか？」などと妙な勘ぐりをされてしまうことも少なくないが、そもそも「メディア」というものは未知の世界の情報を既知の世界に持ち来す通路のようなものだし、彼岸と此岸の間を隔てる薄膜の浸透圧をチューニングする宗教的な祭祀や儀礼は、ことごとく非日常的な通信網の一時的な現出、つまり現実の世界では閉ざされているメディアの扉を開放するためのプロセスにほかならない。従って「メディア」の語源に「霊媒」の意味が含まれているというのは、至って当然のことと言えるだろう。

熊野三社のひとつ速玉大社がある和歌山県新宮市出身の作家・中上健次は、自身の生まれ故郷である紀伊半島をつぶさに巡るルポルタージュ『紀州 木の国・根の国物語』（角川文庫）の中で以下のように書いている。

霊異というものを、いま一度ひらいて説明するなら、生と、性と聖と、そしてその裏にある死と死穢と賎なるものの事であろう。生は絶えず死に転成するし、死は生に変転する。中辺路を這うように湯の峯に来て、湯に入り蘇生する小栗判官とは、その霊異の典型であろう。聖なるものの裏に賎なるものがある。賎なるものの裏に聖なるものがある、とは小栗判官でもあり、日本の文化のパターンでもあろうが、紀州、紀伊半島をめぐる旅とは、その小栗判官の物語の構造へ踏み込む事である。

生と死、そして再生……。歌舞伎や浄瑠璃の題材として有名な小栗判官が業病を患い瀕死となったのち、再び生の世界に復帰するきっかけとなったは、ほかならぬ、湯の峰温泉のあるこの熊野の地である。

## 聖なる場へと通じる熊野古道というネットワーク

紀伊半島全体が描かれた大きな地図を広げてみると、そこには「熊野古道」という巡礼の経路が縦横に張り巡らされていることがわかる。熊野古道は二〇〇四年にユネスコの世界遺産に登録されて以降、近年つとに有名になったものの、近隣の地点を結ぶ一本の風光明媚な道ではないため、具体的にどこを指して熊野古道と呼ぶのかなかなかイメージしづらいというのが正直なところだろう。

熊野古道とは近畿地方のさまざまな地域と熊野の本宮大社、速玉大社、那智大社とを結ぶ峻険な道の総称であり、徒歩での数日にわたる旅を容易にイメージできなくなってしまった私たちにはもはや想像すらできないような、移動ルートという概念をはるかに超えた、身体の酷使（＝行）を伴う神聖なる参詣のためのネットワークである。

この旅の際に筆者が最初に訪れた高野山から南下し熊野本宮へ向かうルートは「小辺路」（こへち）と呼ばれている(もちろん筆者は野口氏と共に車で移動したのだが……)。京阪方面から紀伊半島の西海岸沿いを下るルートは「紀伊路」といい、紀伊田辺からそのまま海岸沿いをぐるっと那智大社まで大回りにたどる道は「大辺路」（おおへち）、紀伊田辺から内陸を東に横切って本宮大社にまで至る道は「中辺路」（なかへち）という。

さらに、金峰山寺など山岳修験の聖地である吉野から本宮大社にまで伸びるルートは大峰山の道なき道を往く「大峰奥駈道」（おおみねおくがけみち）と呼ばれており、伊勢神宮から紀伊半島の東海岸を南下して速玉大社に向かう経路は「伊勢路」といわれている。もちろん、どのルートから入っても本宮大社、速玉大社、那智大社を巡回することは可能だ。

## インターネットを従来とは異なる何かに喩えるということ

だいぶ前置きが長くなってしまったが、本稿はここからが本題で、要は目的地へと通じるルートが多様に存在しているということがネットワークに不可欠な本質的な条件であり、人間と情報との関係においては、熊野への巡礼と同様、目的地に到着するという「結果」(result)よりも目的地までの「過程」(process)こそが重要なのではないかということである。

かつて熊野古道を通って熊野三社を目指した人々にとって、本宮や速玉、那智に到着するという「結果」

よりも、山を越え谷を下り、激流を渡り、風雨に晒されながら歩く数日間の「過程」のほうが実は大きな意義を持っていたのではないだろうか?

本書の他の稿でもインターネットというメディアにおいて「重要なのはresult（結果）ではなくprocess（過程）である」と書いているが、まさに紀伊半島という土地は観念的には俗なる世界と聖なる世界、生者の世界と死者の世界を媒介する壮大なメディア空間であり、地理的には各地から熊野へと至る多彩なルートが織り成すネットワーク空間とみなすことができ、そこでは目的地にたどり着くまでの「process（過程）」にすべての意味が凝集されている。

しかも本宮大社は来世を含む未来の加護、速玉大社は前世を含む過去の滅罪、那智大社は現世利益の祈願という異なる役割を担っており、空間だけでなく時間をも含み込んだ世界往還のネットワークメディアとなっている。

インターネット第2四半世紀の展望をテーマとした本書は、第1四半世紀とは異なるイメージでインターネットを捉え直すという試みの〝もがき〟であり〝あがき〟と言える。なかでもヒト／モノ／コトが絶えず行き交う「道」は陸路・海路を問わずインターネットの祖型として想定しやすく、ヒトとモノ、モノとコト、ヒトとコトがどこでどのようにして出会うかという情報の移動や接触、摩擦や融合を考える際のヒントになる。

そうした意味で陸と海の境界としての「沿岸」というモチーフを提出したりしているのだが、筆者が実際に旅した紀伊半島の熊野古道もまさにインターネットという情報の道を問い直すための有用なサンプルと言えるだろう。この「喩えること」が持つ創造性について、二〇一六年に亡くなったイタリアの哲学者であるウンベルト・エーコは、小説『前日島』（文藝春秋）の中で次のように書いている。

（前略）「我々が〈才能〉と呼ぶのは、物事を理解して実践するための〈知識〉のことで、それが仮に、遠く離れた二つの〈概念〉を連結して異質なものから〈類似性〉を見つけだす能力を意味するのであれば、つまりは、創意工夫を凝らした〈隠喩〉を編み出す能力にほかならないのです。この〈隠喩〉によって〈驚異〉が創造され、さらに〈驚異〉との出会いから、まるで万華鏡を覗いているかのような〈喜び〉が生まれるのです。このように、何かを別のものに〈喩える〉ことによって、今まで知らなかった新しいことを苦もなく理解することができ、また多くの事柄を要領よくまとめて覚えることができるとしたら、これ以上の〈喜び〉はありません。まさに〈隠喩〉は、ある〈属性〉から別の〈属性〉へ、我々の発想を瞬時に飛躍させ、しかも、ただ一つの〈ことば〉を使うだけで、眼の前の〈対象〉を多種多様な姿で認識させてくれるのです」

（中略）「それに〈隠喩〉を編み出す能力というのは、要するに、〈世界〉を陳腐で平凡なものとしてではなく、無限の可能性と多様性を秘めたものとして見るための〈技術〉(アート)なのです」

## 「結果」の価値を上回る「過程」の価値を再び蘇生させる

私たちは既存の知識を何か別のものに喩えることによってのみ新しいイメージを生み出すことができる。逆に言うといくら想像力を逞しくしたところで、見たことも聞いたこともないものを私たちは頭に思い描くことはできない。

筆者が本稿で紀伊半島の熊野古道にインターネットのイメージをなぞらえてみるのも、そこにインターネット第1四半世紀の間に脇に追いやられてしまったもの、合理性や効率性の名のもとに排除されてしまったもの、経済原理と馴染まないがために忘却/隠蔽されてしまったものを、いま一度この第2四半世紀に招来しなければならないだろうと思うからである。

編集工学研究所所長の松岡正剛氏と情報学者のドミニク・チェン氏による刺激的な対談集『謎床 思考が発酵する編集術』(晶文社)の中には、二人の以下のようなやり取りがある。

**松岡** だから、先にデスクトップメタファーの話をしましたが、このポジティブ・コンピュータの中の日本のダンジョンのコースウェアには、いろいろの「場」が入っていてほしいんですね。そこは二択的ではなくなっていってほしい。少なくともダイコトミーな黒白型や善悪的ではないものになってほしい。

これは前にも話しましたが、「手続きがコンテンツ」であり、「手続きが意味をもつ」、「方法が意味である」ということです。これらが、ぼくが日本という方法をずっと考えてきたいくつかの窓ですね。

**ドミニク**　なるほど、とても参考になります。結果よりもプロセスの意味に注目するということですよね。意味や価値が絶対座標ではなく、相対的に変化する軸のあいだを行き来するような。

二〇一七年六月、米国のＹａｈｏｏ！がベイラゾン・コミュニケーションズに買収されたというニュースが業界内では話題となったが、ほぼ同じ頃、独自に存続することになった同社の日本法人が一九九六年から続いてきたディレクトリー検索を終了するとの報道がひっそりとなされた。あまり人々の口の端に上らなかったニュースだが、これは案外、軽視できないトピックである。

これまでの私たちは情報へたどり着くまでの「最短距離」だけを目指してきた帰結として、スピードを最良の「結果」として認定することにあまりにも慣れすぎてしまった。情報へのアプローチには

Ｇｏｏｇｌｅ的な「最短距離」志向の検索だけでなく、いくつもの入り口からさまざまな経路をたどり、時に迷い、迂回し、逆戻りをしたり寄り道をするような方法があってもいいのではないか？　不要として切り捨てられたディレクトリー検索には、そうした非合理で非効率な情報への接触の「過程」が内包されていたのである。

人工知能も人間が到底かなわないような計算能力を持つということだけでは到底「知性」とは呼べないだろう。その計算能力を生かした先に、「結果」の価値を上回る「過程」の価値を蘇生させるようなことができるようになってはじめて「Singularity」（技術的特異点）への眺望が見えてくる。

人工知能と接続される第２四半世紀のインターネットも、当然のことながら、そうした人間の逡巡や逸脱、無駄、失敗などをポジティブなエレメントに転換／変性させていくことにこそ、次なるジャンプの可能性が潜んでいるように思う。高野山から熊野を巡る紀伊半島の旅の過程で、そんなことをつらつらと考えた……。

# 第4章

# イノベーションのための新たなパースペクティブ

## イノベーションは既存のテクノロジーの「編集」によって生まれる

### インターネット第2四半世紀に起こるのは技術の予期しない融合

ＷＷＷの誕生から二十五年以上が経過し、いまやインターネットは私たちにとって第二の自然＝「環境」となった。あたかも私たちの周囲に山や川、海や森があるように、インターネットを基盤とする社会システムは世界を取り囲み、包み込み、円滑に稼働させている。従って、人々はその存在を取り立てて意識することもない。

その中で暮らす私たちも当然のことながら、インターネットを基盤とする社会システムの一部として機能している。従ってインターネットは外部的な「環境」であると同時に、もはや人間の内部的な「血肉」となっていると言っていい。インターネットは、今後、ＡＩなどと手を携えながらさらなる変異を遂げ、いま以上に私たちの意識の背景へと後退していくだろう。

現在、私たちの住むこの世界にはＡＩばかりでなくＡＲ（Augmented Reality＝拡張現実）やＶＲ（Virtual Reality＝仮想現実）、電子マネー、ブロックチェーン、ビッグデータ、ウェアラブルコンピューターといった個々の新しい技術が点在しているけれども、次なる四半世紀にはこれらが旧来のテクノロジーをも巻き込みながら、相互に思いも寄らない結合を果たし、想像を超えたまったく新しい情報環境を形作っていくに違いない。

もちろんそうした技術統合の根底にはことごとくインターネットが介在している。そして私たちが暮らす世界の社会構造、経済基盤、文化形態、さらには人間の常識や価値のようなものまでもが、これまでとは異なる位相へとシフトしていくように思われる。

新たに誕生したテクノロジーが古い既存のテクノロジーに全面的に取って代わるという言説は以前からしばしば使われてきたメディアお得意の話法で、実際、新しいものは古いものを部分的に無力化したり形骸化したり空洞化したりするものの、「～の時代はもう終わった」的なキャッチコピーはあくまでも話題を喚起するための挑発的な常套句に過ぎない。新しいテクノロジーと古いテクノロジーとの関係は、通常もっと複雑かつ多様であり、微妙なバランスに則った展開を見せるものである。

一時期テレビなどでも放映されていたため日本においてもかなり注目されるようになった世界的なプレゼンテーションイベント「TED Conference」（ＴＥＤとはTechnology／Entertainment／Designの頭文字）の創設メンバーであるアメリカの建築家リチャード・Ｓ・ワーマンは、その著書『それは「情報」ではない。――無情報爆発時代を生き抜くためのコミュニケーション・デザイン』（エムディエヌコーポレーション）の中で以下のようなことを述べている。

新しい技術が登場するたびに、それが他の技術を淘汰すると騒がれる。しかし、そうした予言が当たった試しは少なく、むしろ、新技術は既存の技術にプラスされることが多いようだ。コンピュータは紙を過去のものにすると言われたものだが、現実はその反対だ。コンピュータはグーテンベルクの印刷機以上の恩恵を出版印刷業界にもたらし、私たちは、プリンタやコピー機から次々と吐き出される書類の中で溺れかけている。ビデオも、映画の火を消すとまで言われたものだが、現在は以前よりも多くの映画が製作されるようになっているではないか。

ワーマンは物理的な建造物を設計する文字通りの建築家だが、筆者の専門領域である「編集」に極めて近い「情報デザイン」に関する発言も積極的に行っており、自らを情報建築家（インフォメーション・アーキテクト）とも名乗っているくらいだから、こうした情報技術やメディアに対する指摘にもなかなかの説得力がある。「これからは〜の時代」「〜はもうオワコン」式の脅迫的な語り口は一見威勢がよくてわかりやすいから、瞬間的には人々の耳目を集めるけれども、現実的なレベルではことはそう単純なものでも明快なものでもないのである。

## 既存のテクノロジーを寄せ集めて「編集」したグーテンベルク

では、なぜ「ことはそう単純なものでも明快なものでもない」のか？　それは冒頭述べたように、技術は個別に発達していたもの同士があるとき突然、予想もしなかったようなかたちで溶け合い、突拍子もない化学反応を引き起こしたりすることがしばしばだからである。ワーマンの先の引用の中にグーテンベルクによる活版印刷の話が登場するが、グーテンベルク自身も決して無からすべてを発明したわけではなかった。

中世から近代への扉を一気に開きインターネットに比肩する情報爆発を引き起こした活版印刷は、十五世紀中葉までに成熟していたさまざまなテクノロジーがグーテンベルクの魔法によって見事に組み合わされた結果である。イギリスの歴史学者であるジョン・マンによる『グーテンベルクの時代　印刷術が変えた世界』（原書房）から当該箇所を引用してみよう。

活版印刷術は霊感（インスピレーション）であるとともに発汗（パースピレーション）、アイディアであるとともに発明だった。アイディアの誕生というと、まるで突然の啓示であるかのように響く。「エウレカ！」（しめた！）とアルキメデスが有名な叫び声をあげて、風呂から飛び出したというような具合だ。しかし、アイディアはどこからともなく頭に浮かんでくるものではない。（中略）アイディアはそれまでの発展の枠組みから芽生えてくるもので、その同じ枠組み――この印刷術の場合、パンチ作り、鋳造、冶金術、ワインとオイルの搾り器、製紙など――がさらに深化することが必要となる。

同書は謎に満ちたグーテンベルクの生涯を想像力豊かに描き出しながら、十五世紀中葉のヨーロッパにおける宗教や文化、そして技術の時代的背景などについても言及しており、あたかも小説のような趣もある興味深い一冊である。

ここに記されているように、グーテンベルクは活字に塗られたインクを羊皮紙および紙に定着させるための加圧の方法を、ぶどうやオリーブを絞る機械の技術から応用した。当然のことながら活字の制作に必要な鉛や錫などの鋳造技術についての知識も不可欠だったわけだが、もともと金属加工職人であった彼はそうした活字製造の基礎となるテクノロジーを熟知していた。同時に書物の根幹を成す紙を安価かつ大量に生産する製紙技術の成熟も、彼のアイデアを実現に向わしめる推進力の一因となったことだろう。

このようにどんな技術同士が結び付くのかはほぼ予測不可能であり、その時代の広範な領域に渡るテクノロジーがどの程度にまで進化を遂げているかというタイミングも重要な要素となる。そうした意味で、グーテンベルクは非常にラッキーだった。

一九八九年にアメリカのコンピューター科学者であるジャロン・ラニアーが「Virtual Reality」という言葉を初めて使用し、彼が創設したＶＰＬ Ｒｅｓｅａｒｃｈ社のさまざまな製品と共に未来の技術としてのＶＲがにわかに脚光を浴びたが、そのブームは数年でまるで嘘のように沈静化してしまった。

しかし、それから約三十年の時を経て再びＶＲは時代の表舞台に再浮上する。これも、パーソナルコンピューターや家庭用ゲーム機の高性能化、ＣＧ技術の進化、さらには大仰なＨＭＤ（Head Mounted Display）の代替となるスマートフォンの出現といった関連技術との絶妙なタイミングでのマッチングが引き起こした結果と言えるだろう。

## 「未来」は〝いずれやってくる結果〟ではなく〝そうなりつつある過程〟である

おそらくグーテンベルクが行ったようなテクノロジーの融合と結合が、現在の私たちの予測をはるかに超える形態や規模で頻発するのが、すでに突入しつつあるインターネットの第２四半世紀であるように思う。その初期微動はすでに到来しており、数年前に大流行した「Pokémon GO」も（街中ではまだプレーヤーらしき人たちを見かけることが少なからずある。ひょっとするとまだ「流行中」なのかもしれない）、とりたてて「最新」の技術が採用されているわけではない。

ほとんどの先進諸国で人口に対する使用率が五十パーセントを超えたスマートフォンの普及を背景に、高精度なＧＰＳ機能、二〇〇八年の時点ですでに実用段階に入っていた頓智ドットの「セカイカメラ」に代表されるＡＲ技術、Ｇｏｏｇｌｅの「Google Maps」「Google Earth」「Street View」といったテクノロジーが「ポケモン」というコンテンツを軸に寄せ集められ、あたかもグーテンベルクの活版印刷のように「編集」されただけである。

二〇四五年に到来すると言われている「シンギュラリティー（人工知能の性能が人間の能力を超越する技術的特異点）」への関心の高まりと同期しつつ、近頃やたらと「未来」という言葉が取り沙汰されるけれども、そうした文脈における異次元へのシフト＝「未来」はすでにもう始まっているのではないか？

二〇四五年に突如として「シンギュラリティー」が実現し、現在想定されている「未来」が唐突に始まるわけではなく、『ポスト・ヒューマン誕生　コンピュータが人類の知性を超えるとき』（ＮＨＫ出版）の著者であるアメリカの発明家、思想家、未来学者レイ・カーツワイル（現在はＧｏｏｇｌｅに在籍し、ＡＩ開発の指揮を執っている）が述べているように、私たちはもう「特化型ＡＩ」に取り巻かれながら生活しているわけで、ある意味、「シンギュラリティー」はもう実現されていると考えたほうがいいだろう。

「未来」はあるとき突然やってくるわけではない。「未来」への階梯を昇りつつある「現在」の中に「未来」は内包されている。「シンギュラリティー」は〝いずれやってくる結果〟ではなく、〝そうなりつつある過程〟のことだ。『WIRED』の創刊編集長であるケヴィン・ケリーの近著『〈インターネット〉の次に来るもの　未来を決める12の法則』（NHK出版）における以下の言葉は非常に示唆に富んでいる。

現在の生活の中のどんな目立った変化も、その中心には何らかのテクノロジーが絡んでいる。テクノロジーは人間性を加速する。テクノロジーによって、われわれが作るものはどれも、何かに〈なっていく〉プロセスの途上にある。あらゆるものは何か他のものになることで、可能性から現実へと攪拌される。すべては流れだ。完成品というものはないし、完了することもない。決して終わることのないこの変化が、現代社会の中心軸なのだ。

常に流れているということは、単に「物事が変化していく」以上の意味を持つ。つまり、流れの原動力であるプロセスの方が、そこから生み出される結果より重要なのだ。

ケリーの言う通り、「現在」とは「何かに〈なっていく〉プロセスの途上」のことであり、あらゆるテクノロジーに「完成品というものはないし、完了することもない」わけだから、「未来」とはプロセスの途上で知らず知らずのうちにいつの間にか〈なっている〉ものなのである。

リチャード・S・ワーマンの引用の中に「新技術は既存の技術にプラスされる」という指摘があるが、

だからこそ私たちは確実に変容している「現在」をなかなか自覚できない。いつかどこかで劇的な変化をもたらす「未来」がやってくるのだろうという幻想を抱き続けてしまう。

着目すべきは「結果＝result」ではなく「過程＝process」だ。インターネットの第２四半世紀は、さまざまな技術が個別的に発展しながら「未来」へ着々と向かっていく時代ではなく、さまざまな技術が連鎖的に溶融しながら不断に「未来」を現前させていく時代になるだろう。例えば「Apple Watch」なども腕時計という既存のモノとして出発するが、やがて腕時計とはまったく別のモノに〈なっていく〉。いや、もう〈なっている〉のかもしれない……。

## フィルターバブルを乗り越える「ディープ・ハイパーリンク」

### ますます深刻化するパーソナライゼーションの弊害と危機

大学の授業の中でも二十人や三十人、ときには百人近くの学生を前に一方的にしゃべる講義科目と違って、ゼミは十名未満の少人数の学生と対話形式で進めていくことが多いので、各人の興味関心や問題意識をわりと明確に把握することができる。まぁ、四年次には卒業論文の指導も行わなければならないわけだから、学生たちそれぞれの研究テーマを知っておくことは教員として当然であり必須と言えるだろう。

ところが、最終学年の夏季休暇を終わってもまだ卒業論文に何を書けばいいのかわからないという学生もおり、こちらがカウンセラーよろしくテーマを探し出してやらねばならないこともしばしばである。逆に、興味関心や問題意識がはっきりしている学生には適宜相談に乗ったり参考文献などを提示してあげれば自力でどんどん掘り下げていくので、こちらとしても安心このうえない。

しかし、である。ここ数年しばしば気になることがある。それは好奇心が強く思考力も優れた学生であっても、「えっ、コレは知ってるのにアレは知らないの?」という場面によく遭遇することだ。彼等は二十世紀のほぼ終わり頃に生まれた子供たちだから、未知の情報に出会えばすぐさまWebで検索する。授業中に筆者が紹介する書籍などもスマホで即Amazonに在庫があるか否かを調べているようだ。それはそれでまったく否定するつもりはないし、受け身一方の態度より数倍ましであり、どちらかといえばむしろ推奨したいくらいである。

ところが、上述したように「ある情報に紐付いていてしかるべき付帯的な情報」が拾い切れていないケースが年々増えているような印象が否めない。もちろんこれは数値で証明することなど出来ないし、すべての学生に当てはまることではないものの、傾向としては確実に増加しているような気がしている。

これは要するに情報同士を相互に連結しているハイパーリンクを発見できていない、もっと言ってしまえば、せっかく摂取した情報を自分の中で醸成できていないということである。ある情報は他の情報との間に複数のハイパーリンクを張り巡らすことによって立体的な知識となる。そしてこのハイパーリンクを新規に発明することが視点／視座のオリジナリティーということであり、情報を「編集」することの本質にほかならない。これだけ情報が入手しやすい環境が用意されているにも関わらず、学生たちがそうした情報の連鎖を形成できないのはなぜなのか……？

筆者が同年代の知人や友人と飲んだりするとしばしばインターネットの商用利用がまだ始まっていなかった学生時代の話になり、「当時、自分たちはどうやって情報を収集していたのか？」などと過去を追想しながら、「あの頃、インターネットがあったらなぁ……」と現代の若者たちをひたすら羨ましがるというお定まりの会話が繰り広げられることがあるのだが、ひょっとすると現代の学生も情報の収集に関してはかつてとは質の異なる困難を負わされているのかもしれない。俗に言う「フィルターバブル」の問題である。

本書の読者にいまさら解説など不要とは思うものの、いちおう簡単に説明しておくと、「フィルターバブル」とはＧｏｏｇｌｅなどの検索サービスにおいてユーザーのパーソナライゼーションが高精度化した結果、提示される内容が多様性を欠いた画一的なものになってしまうというなんともパラドキシカルな現象のことを言う。

つまり、筆者などの世代がよく口にする「インターネットが広く普及したこの時代、情報なんて自分から集めようと思わなくても勝手に集まって来てしまうのではないか？」という主張は、案外、幻想かもしれないのだ。私たちはインターネットという情報の大海から主体的に記事や文書を選別しているわけではなく、大海に浮かぶカプセルのような小さな泡の中で、個別化という名の耳障りのいいフィルターによって濾過された限定的な情報だけをこねくり回している可能性が高い。

## イノベーションとは存在している事物／事象の編集的な組み合わせ

「フィルターバブル」という造語の生みの親であるインターネット活動家のイーライ・パリサーは『閉じこもるインターネット――グーグル・パーソナライズ・民主主義』（早川書房）の中で以下のように述べている。

パーソナライゼーションは、創造性やイノベーションをみっつの面から妨げる。まず、我々が解法を探す範囲（「解法範囲」）がフィルターバブルによって人工的にせばめられる。次に、フィルターバブル内の情報環境は、創造性を刺激する特質が欠けたものになりがちだ。創造性というのは状況に強く依存する。新しいアイデアを思いつきやすい環境と思いつきにくい環境があり、フィルタリングから生まれる状況は創造的な思考に適していないのだ。最後にフィルターバブルは受動的な情報収集を推進するもので、発見につながるような探索と相性が悪いことが挙げられる。めぼしいコンテンツが足元に山のようにあれば、遠くまで探しにゆく理由はないからだ。

情報というのは他の情報と関連付けられなければ、価値も生まず応用も利かない単なるデータに過ぎない。従って、意外性のあるハイパーリンクが縦横に張り巡らされていない人の頭の中では孤立化したデータが無数に点在しているだけで、決してイノベーティブな発想は生成されないだろう。イノベーションが引き起こされるのはいつも情報と情報が偶発的に融和しながら化学反応を起こし、独自性に満ちた創造力として結晶するときだけなのだ。

『閉じこもるインターネット――グーグル・パーソナライズ・民主主義』の米国での出版は二〇一一年（日本語版のリリースは二〇一二年）であり、著者はその時点で私たちを取り巻くメディア環境に対して強い危惧を表明していたわけだが、それから十年近くを経た現在、「パーソナライゼーションの弊害」はさらに深刻なものとなって現代の私たちを危機にさらしている。同書の中から以下にもう少しパリサーの言葉を引用してみよう。

アーサー・ケストラーは独創的な著作『創造活動の理論』で、創造性とは「異縁連想」、すなわち思考の母体2種類の交差であるとした――「発見とは、それまで誰も気づかなかった類似性のことだ」。蛇が自分のしっぽを食べている夢を見てベンゼン環を思いついたフリードリヒ・ケクレの例もそうだし、学術分野における引用の手法を検索に応用することを思いついたラリー・ページもそうである。「発見とは、昔からそこに存在していたが、ただ、習慣というまばたきに遮られて見えなかったものに気づいただけということが多い」――ケストラーの言葉である。創造性とは「もともとあった事実やアイデア、機能、スキルを発見し、選択し、入れ替え、組み合わせ、合成するもの」なのだ。

イノベーションとはごく一部の天才だけが無の状態から生み出す秘術や奇跡のようなものではない。かといって、集積したデータを解析することによって導き出せるロジカルな帰結でもない。外見上は無関係に見えるモノ／ヒト／コトの間に伏在している「(多くの人には見えない)繋がりを探り当てる」ことから出発し、それらを編集的に混ぜ合わせつつ新たな意味や価値を生み出す錬金術のようなものなのだ。前述の引用の中にある「創造性」や「発見」という言葉を、「編集」もしくは「イノベーション」と置き換えて読んでいただけるとわかりやすいと思う。

## 豊穣なハイパーリンクの生成は新種のタグの発明にかかっている

では、「(多くの人には見えない) 繋がりを探り当てる」にはどうすればいいのだろうか？　当然のことながら、フィルターバブルの内部においてはイノベーションを引き起こすような情報の連結は発見できない。冒頭に挙げた学生の例も同様で、新しい視点や視座を生み出すような多様性と意外性に満ちたハイパーリンクを設定できていないがために、「えっ、コレは知ってるのにアレは知らないの?」という視野狭窄が発生する。

情報同士の結合を実現するためのフックの役割を果たすのは、長年使い古された慣習的な分類法によるメタデータではなく、編集的なセンスによって裏打ちされた特異な「タグ」のようなものである。そうした「タグ」を無数の情報がランダムに放り込まれた記憶のプールに投入すると、思いも寄らなかった情報同士が次々に引き寄せられ、新種の知識の誕生へ向けた有機的な組織化のプロセスが開始される。

イシス編集学校を主宰する編集者の松岡正剛氏は以前から書店で「三冊屋」というコンセプトのもと、誰かがあるテーマによって選定した三冊の書籍をセットで販売するという、書店の棚の分類から書物を解き放つための試みを実践しているが、これなどはまさに選書を行った人の中だけに存在する「タグ」が価値と意味を持つわけで、よくある有名人や著名人によるレコメンドとはまったく性質を異にするものだ。

別に書籍だけに限ったことではなく映画でも音楽でもなんでもそうだけれども、フィルターバブルを乗り越える唯一の方法は情報の連結をいかに深みのあるものにできるか否かにかかっている。そういう意味では現在のあらゆる検索／通販／投稿サービス等々の関連ワードはあまりにも表層的かつ慣習的である。そこにはもっと階層的に広がりと深みのある洗練度の高いタグが付されているべきであり、「情報から知識への飛躍」を促す豊穣な「ディープ・ハイパーリンク」のためのフックが埋め込まれていなければならない。

私たちは高度なデジタルテクノロジーによって多彩な情報の関連性を可視化し、それらをすっかり手中に収めたつもりになっているが、ひとつの情報が備えているハイパーリンクのためのフックはまだまだ無限に存在している。

今後はこれまでの検索の発想とは根本的に異なる、とんでもない関連性によって付帯的な情報を提示する新たなサービスがあってもよいのではないだろうか？　そのタグを私たち人間が開発していくのか、はたまたＡＩ＝人工知能が生成していくのか、今後の情報技術の大きな課題と言える。

# サイエンスとアートのハイブリッド的視座

## 夏目漱石と寺田寅彦に通底する「科学観」と「芸術観」

夏目漱石は慶応三年（一八六七年）一月五日、江戸は牛込馬場下横丁（現在の東京都新宿区喜久井町）に夏目直克と千枝の五男として生まれた。本名を金之助という。翌年一歳のときに塩原昌之助とやすの養子となり、金銭問題も含めた長年にわたるゴタゴタの末にようやく夏目家に復籍したのが二十一歳。東京帝国大学を卒業後、愛媛と熊本で教師をつとめ、二年間の英国留学を挟んだ後、やがて母校の東京帝国大学に教職を得た。

三十八歳のときに発表した『吾輩は猫である』が評判となり、その翌年『坊っちゃん』『草枕』『二百十日』を立て続けに執筆。四十歳で東京帝国大学の教員を辞して朝日新聞に入社し、新聞小説として前期三部作、後期三部作など数多くの作品を同紙に連載する。死去により絶筆となった『明暗』が百八十八回で未完のまま終了するまで、その旺盛な創作活動は続いた。享年四十九、作家生活はわずかに十年余りである。

二〇一七年は漱石生誕百五十年にあたっていて、同年九月二十四日には「新宿区立漱石山房記念館」が開館している。同館が建つ早稲田南町七番地は、彼が職業作家として執筆に専念する決意を固めた四十歳のときに移り住んだ最後の住居があった場所である。晩年（というにはあまりにも早過ぎる死ではあったが……）を過ごしたこの家は「漱石山房」と呼ばれ、面会日として定められた木曜日の午後は漱石の友人知人が三々五々集まることから「木曜会」と称された。

「新宿区立漱石山房記念館」には、漱石の人間関係について詳しく解説したパネルが掲示されている。無二の親友でありながら結核を病み夭折した俳人の正岡子規を筆頭に（ちなみに子規も二〇一七年が生誕百五十年であった）、第一高等中学校時代の同期で後に南満州鉄道株式会社の総裁となった中村是公、ロンドン留学時に同じ下宿に住み交流を持った物理化学者の池田菊苗、東京帝国大学時代の漱石の教え子で遺書「巌頭之感」を残して華厳の滝から身を投げた藤村操などなど……、漱石の一生に関わった人物を数え上げればきりがないのだが、やはり夏目漱石という人物を象徴するのはその多彩な弟子たちであろう。

熊本の第五高等学校における教え子であった寺田寅彦、東京帝国大学での教え子としては小宮豊隆、安倍能成、鈴木三重吉、ほかにも森田草平、内田百間、芥川龍之介……、漱石のもとには数多くの才気煥発な若者たちが始終出入りしていた。

話の枕がだいぶ長くなってしまったが、本稿で取り上げたいのは漱石門下の中でもひときわ異彩を放つ経歴の持ち主として知られる物理学者の寺田寅彦である。寅彦は明治十一年（一八七八年）に生まれ、前述した通り熊本の第五高等学校で英語教師だった漱石の授業を受けており、俳句への強い関心から漱石が主宰する俳句のグループにも学生メンバーとして参加している。

その後上京して東京帝国大学理科大学物理学科に進み、漱石が没した大正五年（一九一六年）、同校において教授となった。木曜会に参加する漱石門弟の中でも最古参の一人であり、科学者を本業としながら俳人、エッセイストとして優れた文筆家でもあった寅彦に、師匠である漱石も一目置いていたようだ。

## 科学「的」ではない視座から科学を芸術「的」に把捉すること

その寺田寅彦の随筆の中に『科学者と芸術家』（岩波文庫『寺田寅彦随筆集 第一巻』所収）という短い一編がある。本来、人間を文系と理系に安易に弁別すること自体あまり意味があるようには思えないものの（そもそも「文」の対義語は「理」ではなく「武」である）、目新しいテクノロジーが日々世間を賑わす昨今のような状況においては、とかく技術開発の根幹に直接携わることができるいわゆる理系の人々が時代の牽引者として注目を集めやすいことは確かだろう。

事実、現在アーティストとして活躍する人たちの中にはテクノロジーに精通した理系の人材が目立ち、逆に、文系の人々の中にはテクノロジーがもたらす未来のヴィジョンを独自の視点から眺望できる論者があまりにも少ない。結果として先端的な科学は前衛的な芸術の〝十分条件〟ではないまでも〝必要条件〟ではあり、大雑把な印象として芸術家≒科学者というくらいの時勢／時流にはなっているような気がする。

それはそれで間違った認識ではないし、否定すべきものでも、悲観すべきものでもない。しかし、科学「的」ではない視座から科学を芸術「的」に把捉することが不当に排除されてはならないだろう。なぜなら、本来、科学と芸術の間には両者の志向や姿勢における「差異性」と同程度に「共通性」が伏在しているからである。

理系的な思考が芸術を活性化している現況の中にあって、芸術的な感性が科学を豊饒化することも決して忘れてはならない。これは言い換えれば、芸術は世間一般で信じられているほど非論理的なものではないし、科学もまた同様に徹頭徹尾ロジカルなものに立脚しているわけではないということでもある。

寅彦は『科学者と芸術家』の中で「夏目漱石先生がかつて科学者と芸術家とは、その職業と嗜好を完全に一致させうるという点において共通なものであるという意味の講演をされた事があると記憶している」と書いているが、その講演が果たしていつのどの講演か筆者は寡聞にして同定できない。しかし、大正三年（一九一四年）に東京高等工業学校（現在の東京工業大学）で行われた講演（タイトルは『無題』）で、漱石は「私は専門があなた方とは全然違っています。こんな機会でなければ、顔を合わすことはないでしょう」

と前置きしながらも、最後には「あなた方と私共の職業の違いから、この講演で私は私共の方を詳しく説明しましたが、あなた方の方も或る程度までは応用がきくはずです。あなた方の職業の方面に於いて、幾分か参考になることがあるでしょう」と締め括っている。

そもそも漱石は前述の通り英国留学時のロンドンで物理化学者の池田菊苗と懇意な関係を持ったり、科学に対してひとかたならぬ関心を抱いていた。明治三十四年（一九〇一年）九月十二日、ロンドンから寺田寅彦に宛てた書簡では「本日の新聞でProf.Rückerの British Association でやった Atomic Theory に関する演説を読んだ。大に面白い。僕も何か科学がやりたくなった」と綴っているほどである。絶筆となった『明暗』にも主人公・津田とその友人の会話の回想として以下のような記述がある。

　彼の頭は彼の乗っている電車のように、自分自身の軌道の上を走って前へ進むだけであった。彼は二三日前ある友達から聞いたポアンカレーの話を思い出した。彼のために「偶然」の意味を説明してくれたその友達は彼に向ってこう云った。

「だから君、普通世間で偶然だ偶然だという、いわゆる偶然の出来事というのは、ポアンカレーの説によると、原因があまりに複雑過ぎてちょっと見当がつかない時に云うのだね。ナポレオンが生れるためには或特別の卵と或特別の精虫の配合が必要で、その必要な配合が出来得るためには、またどんな条件が必要であったかと考えて見ると、ほとんど想像がつかないだろう」

ここで引き合いに出されているのは『科学の価値』(岩波文庫)の著者であり「ポアンカレ予想」で有名なフランスの数学者アンリ・ポアンカレである。また、処女作『吾輩は猫である』の中には理学士・水島寒月が「首縊りの力学」という理論についての講演のリハーサルを苦沙弥先生と美学者・迷亭を相手に長々と行う場面があったり、『それから』『門』へと続く「前期三部作」の第一作『三四郎』においては理科大学の「穴倉」で「光線の圧力」について黙々と研究する野々宮宗八という人物が登場するなど、小説内においても科学というモチーフが随所でひょっこりと顔を出す。

ちなみに水島寒月と野々宮宗八は、誰あろう寺田寅彦がモデルであると言われている。このあたりのエピソードについては、寅彦の門下生で人工雪の生成に世界で初めて成功した物理学者・中谷宇吉郎の随筆『「光線の圧力」の話』(講談社学術文庫『寺田寅彦 わが師の追想』所収)に詳しい。

## 科学者にも芸術家と同様の編集的な「直感」が不可欠である

さて、寺田寅彦である。まず、『科学者と芸術家』の中から両者がほぼ同質の意思と態度をもってそれぞれの研究や創作にあたっていることを述べている個所を見てみよう。

しかし科学者と芸術家の生命とするところは創作である。他人の芸術の模倣は自分の芸術でないと同様に、他人の研究を繰り返すのみでは科学者の研究ではない。もちろん両者の取り扱う対象の内容には、それは比較にならぬほどの差別はあるが、そこにまたかなり共有な点がないでもない。科学者の研究の目的物は自然現象であってその中になんらかの未知の事実を発見し、未発の新見解を見いだそうとするのである。芸術家の使命は多様であろうが、その中には広い意味における天然の事象に対する見方とその表現の方法において、なんらかの新しいものを求めようとするのは疑いもない事である。また科学者がこのような新しい事実に逢着した場合に、その事実の実用的価値には全然無頓着に、その事実の奥底に徹底するまでこれを突き止めようとすると同様に、少なくも純真なる芸術が一つの新しい観察創見に出会うた場合には、その実用的の価値などには顧慮する事なしに、その深刻なる描写表現を試みるであろう。

このあと寅彦は、結果として「二人の目ざすところは同一な真の半面である」と書いている。また、科学者と芸術家の双方に求められる資質として「想像力」を挙げ、「論理と解析とで固め上げたもののように考え」られている科学にも、「一見なんらの関係もないような事象の間に密接な連絡を見いだし、個々別々の事実を一つの系にまとめるような」、ある種の編集的な「直感」が不可欠であると説いている。以下はその二つの該当個所である。

観察力が科学者芸術家に必要な事はもちろんであるが、これと同じように想像力も両者に必要なものである。世には往々科学を誤解してただ論理と解析とで固め上げたもののように考えている人もあるがこれは決してそうではない。論理と解析ではその前提においてすでに包含されている以外の何物をも得られない事は明らかである。総合という事がなければ多くの科学はおそらく一歩も進む事は困難であろう。一見なんらの関係もないような事象の間に密接な連絡を見いだし、個々別々の事実を一つの系にまとめるような仕事には想像の力に待つ事ははなはだ多い。また科学者には直感が必要である。古来第一流の科学者が大きな発見をし、すぐれた理論を立てているのは、多くは最初直感的にその結果を見透した後に、それに達する論理的の径路を組み立てたものである。純粋に解析的と考えられる数学の部門においてすら、実際の発展は偉大な数学者の直感に基づく事が多いと言われている。

この直感は芸術家のいわゆるインスピレーションと類似のものであって、これに関する科学者の逸話なども少なくない。長い間考えていてどうしても解釈のつかなかった問題が、偶然の機会にほとんど電光のように一時にくまなくその究極を示顕する。その光で一度目標を認めた後には、ただそれがだれにでも認め得られるような論理的あるいは実験的の径路を開墾するまでである。もっとも中には直感的に認めた結果が誤謬である場合もしばしばあるが、とにかくこれらの場合における科学者の心の作用は芸術家が神来の感興を得た時のと共通な点が少なくないであろう。ある科学者はかくのごとき場合にあまりはなはだしく興奮してしばらく心の沈静するまでは筆を取る事さえできなかったという話である。アルキメーデスが裸体で風呂桶から飛び出したのも有名な話である。

## 今後のテクノロジーに対して求められる「美的」な評価軸

筆者は先に「芸術は世間一般で信じられているほど非論理的なものではないし、科学もまた同様に徹頭徹尾ロジカルなものに立脚しているわけではない」と書いたが、『科学者と芸術家』の中の次のくだりはまさに科学ですら芸術に求められる創作性と空想性がその出発点となっているということを見事に表現している。

ある人は科学をもって現実に即したものと考え、芸術の大部分は想像あるいは理想に関したものと考えるかもしれないが、この区別はあまり明白なものではない。広い意味における仮説なしには科学は成立し得ないと同様に、厳密な意味で現実を離れた想像は不可能であろう。科学者の組み立てた科学的系統は畢竟するに人間の頭脳の中に築き上げ造り出した建築物製作品であって、現実その物でない事は哲学者をまたずとも明白な事である。また一方において芸術家の製作物はいかに空想的のものでもある意味において皆現実の表現であって天然の方則の記述でなければならぬ。俗に絵そら事という言葉があるが、立派な科学の中にも厳密に詮索すれば絵そら事は数えきれぬほどある。科学の理論に用いらるる方便仮説が現実と精密に一致しなくてもさしつかえがないならば、いわゆる絵そら事も少しも虚偽ではない。分子の集団から成る物体を連続体と考えてこれに微分方程式を応用するのが不思議でなければ、色の斑点を羅列して物象を表わす事も少しも不都合ではない。

夏目漱石と寺田寅彦、サイエンスとアートのハイブリッド的視座……。いま私たちは第２四半世紀に突入したインターネットを基盤とするさまざまなテクノロジー群の圧倒的な共進化に日々翻弄されているわけだが、ともすると技術を〝驚嘆の強弱〟や〝実益の多寡〟だけで評価してしまいがちである。

しかし、効率性や合理性だけを是とする時代を通過してインターネットがいよいよ私たちの身体と同期したり生活を統御したりする時代にシフトしつつある現在、テクノロジーをいかに美的に評価することができるかが重要になっている気がしてならない。美的な素養も併せ持つ科学者が急速に増加する中、科学を美的に語れる芸術家が少ないのはいささか心許ない現実である。なぜなら寅彦曰く、科学者と芸術家という「二人の目ざすところは同一な真の半面」なのだから……。

## テクノロジーにおける「開発意図」と「使用用途」との乖離

### Uberの自律走行車事故が突き付けた「社会実装」の困難性

いまの私たちに最も必要なのは、第2四半世紀に突入したインターネットと連動する新たなテクノロジーを「展望」することではなく、それらの技術を社会にいかに「実装」するかである。期待や希望だけに満ちあふれた「未来展望」の時期はもはや過ぎ去り、問題や課題に直面しながら慣例や慣行、常識、規範、倫理、さらには法律などと折り合いを付けて技術を「社会実装」していくこと……。私たちの創造性はこの現実的な軋轢や摩擦の中でこそ発揮／行使されなければならない。そしてそれはおそらく、極めて難しいものになるだろう。

例えば、二〇一八年三月十九日に米国アリゾナ州で起きたUberの自律走行車による死亡事故は、この「社会実装」の困難な一面を私たちにまざまざと突き付けたと言っていい。アリゾナ州ではすでに自動運転車による公道の走行が許可されていたものの、この事故を受けて、同州は上記の認可を一時的に取り消した。実際に人が死亡している以上、許可の棚上げは当然のことだが、しかし、それはあくまでも「一時的」な措置であり、自律走行車の「社会実装」自体が頓挫したわけではない（実際にアリゾナ州は九カ月後の二〇一八年十二月、公道における実験を再開している）。我が国においても今後さらに高齢化が進行し独居率が増加していくことなどを考えると、自律走行車は必要不可欠かつ火急的要件である。

同種の問題はこれから人工知能やＩｏＴ、ＶＲ、ウェアラブルコンピューターなどのあらゆる分野でかたちを変えて浮上してくるだろう。しかも、それらの技術は既存の社会構造の中にそのまま埋め込むにはあまりにも新規性が高過ぎ、現在稼働している幾多の社会システムと即座に折り合ったり容易に溶け合ったりすることはまず不可能だ。とはいえ、トライ＆エラーを繰り返さずして「社会実装」への道は開かれない。犠牲者が出ても致し方ないというわけでは決してなく、その試行錯誤の方法や試験運用の形態にこそ、新しい発想に基づいたクリエイティビティーを投入しなければならない。

## 「開発者の理想的な用途」と「利用者の現実的な用途」は非対称である

そもそもあらゆるテクノロジーにおいて「開発者の理想的な用途」と「利用者の現実的な用途」は非対称である。これは技術に限った話ではなく、あらゆる芸術表現における制作者と鑑賞者の間にも存在する溝である。私たちは小説を読むにも映画を観るにも音楽を聴くにも、情報の発信者であるアーティストの意図を汲み取ろうとすることはあるが、解釈は情報の受信者それぞれの趣味嗜好、さらには各人が置かれている文脈に委ねられており、オーディエンスが当該の作品をどう受容するかについてアーティストは関与できない。そして、言うまでもなくこの非対称性こそが芸術表現を豊穣なものにする。

現在私たちが日常的に使用しているSNSの「ハッシュタグ」もサービスの開発者サイドが最初から搭載していた標準機能ではない。これは二〇〇七年に一人のユーザーから提案のあったもので、その呼び掛けに呼応するかたちでいまやあらゆるSNSに不可欠の機能となった。こうした「社会実装」の途上で利用者サイドが新しいテクノロジーの進路を決定していくということは特に珍しいことではないのである。

米国の発明家トーマス・エジソンの「三大発明」といえば一般的には蓄音機（一八七七年）、白熱電球（一八七九年）、映写機（一八九一年）ということになっており、なかでも彼の手による蝋管式蓄音機はその後の音楽の一般家庭への普及と音楽産業の隆興を用意した偉大なテクノロジーとして認知されているが、実のところ、エジソン自身は同技術の理想的な用途を音楽の録音／再生とは考えていなかった。

このエピソードについて、社会学者の吉見俊哉氏が『「声」の資本主義』（講談社）の中で詳細に記述してくれているので下記に引用しておこう。

とはいえ、われわれにとってむしろ興味深いのは、この声の視覚化装置のその後の社会化のプロセセスである。蓄音機を発明した当時、エディソンの最大の関心事は電信と電話にあった。一八七七年、前年に発表されたベル式電話機を改良し、カーボン式の送信機を考案したエディソンは、だれもが話を録音できる小さな装置によって録音を中継所に送り、これを再生させて電話線で遠隔地に送るシステムを考案しようとした。こうすれば、電話の利用を、まだ高価な電話網に加入できなかった大衆層まで拡げていくことができる。こうして人間の声は、時間を超えて記録され、空間を超えて送信される信号へと変換されるであろう、と考えたのである。

こう考えるとエディソンにとって、生まれたばかりの蓄音機は、なによりも電信や電話と同類の事務機器であった。彼は、自分の発明を世界にアピールしていくのに、この装置が可能にするであろう一〇の利用法を挙げた。すなわち蓄音機は、①手紙の筆記としてあらゆる種類の速記の代替手段、②目の不自由な人のための音の本、③話し方の教授装置、④音楽の再生機、⑤家族の思い出や遺言の記録、⑥玩具、⑦時報、⑧様々な言語の保存装置、⑨教師の説明を再生させる教育機器、⑩電話での会話の録音機のいずれにもなり得ようというのである。ここにはたしかに音楽の再生という利用法も挙げられてはいるが、基本はあくまでも口述の記録と再生である。つまり蓄音機は、今日でいうならレコードよりもテープレコーダーにはるかに近い記録装置として考えられていたのである。

## エジソンは蓄音機を音楽再生メディアとして定着させたくなかった

音楽学者の細川周平氏も『レコードの美学』（勁草書房）の中で、前述のエジソンの蓄音機の用途十項目を挙げつつ、以下のように書いている。

　重点はやはり量産的な複製ではなく保存に置かれている。そして音楽ではなく声に、娯楽ではなく実生活に、私的な利用ではなく公的な事業に置かれている。発明の経緯からいってそれは声を貯える道具であり。ことに上司、政治家、教師、時報など、力を握って生活を制御する人々の声の保存と浸透に関心が向けられていた。始め彼がフォノグラフを販売せず、オフィスにレンタルしていたことも、彼が社会事業に役立つ発明をモットーにしていたことと関わる。彼の技術的想像力に音楽の複製がはいる余地はあまりなかった。（中略）むしろ技術を作りだす人間の想像力がそれを実現させる社会的・文化的条件をそろえる。彼が音楽にあまり関心のなかったことは事実だが、自分の発明が娯楽に利用されることに対して軽蔑の目を向けていたことが（彼は敬虔なピューリタンだった）、自分の発明の可能性の中心を見逃す結果となった。

エジソンはあくまでも蓄音機＝「声」の記録メディアというコンセプトにこだわった。しかし、「社会実装」の過程で同テクノロジーは彼が軽んじていた音楽という芸術の再生メディアとしてその役割を確立していく（後年、エジソンはこれを「予想通りだった」と苦し紛れに語っている）。開発された技術がどんな代物として世の中に定着していくのか、既存のどんな要素と結びついて化学反応を起こすのか、やがてどんな方向に機能を拡張していくのか……、それを決定するのは往々にして開発者ではない。

テクノロジーの行方を左右するのは同時代の社会、経済、文化などの諸条件であり、それらが複雑に絡み合った時代の状況であり、そして、同時代に生きる人々の意識せざる欲望である。「社会実装」が困難であるのはまさにこの「ひとまず市場に投入してみなければわからない」という不透明性と不確実性のためであり、とりわけ、人工知能やＩｏＴ、ＶＲ、ウェアラブルコンピューターといった現存する製品のバージョンアップ版ではない新規性の高いテクノロジーにおいてはなおさらである。

## 社会はいかなる判断によって新しいテクノロジーを受容するのか？

冒頭、「社会実装」の時代における象徴的なアクシデントとしてＵｂｅｒの自律走行車事故の話をしたが、「クルマ」の太古の起源である「車輪」についての面白いエピソードを紹介しておこう。ジャレド・ダイヤモンドによるベストセラー『銃・病原菌・鉄』(草思社)の中の一節である。

新しい技術のおかげで、より高速でより強力な、そしてより巨大な装置が可能になり、その使い道が見つかったとしても、社会がその技術を受け容れるという保証はない。一九七一年、合衆国連邦議会は超音速旅客機の開発予算を否決している。世界はいまだに、キー配列を効率化したタイプライターを受け容れていない。イギリスでは、電気が登場したあとも長いあいだ街灯照明にガス灯が使われていた。社会がまったく相手にしなかった技術はたくさんあるし、長い抵抗のすえにやっと取り入れられた技術も山ほどある。社会はどんな要因によって新しい発明を受け容れるのだろうか。そこには少なくとも、四つの要因が作用していることがわかる。

もっともわかりやすい要因は、既存の技術とくらべての経済性である。たとえば、現代社会では、誰もが車輪の有用性を認めている。しかし、その認識を持たなかった社会も過去には存在した。古代のメキシコ先住民は、車輪のおもちゃを発明しながら、車輪を物資の輸送に使っていない。われわれにとって、これは信じられないことである。しかし、メキシコ先住民は、車輪のついた車を牽引できるような家畜を持っていなかったため、人力で運ぶことにくらべ、車の経済的利点は何ひとつなかった。

ここでダイヤモンドの「四つの要因」のうち残り三つをくどくど述べることは本稿の趣旨ではないので省略するが、「車輪が発明されたからといって、それがかならずしも物資の運搬に利用されるわけではない」という事実は私たちにとってかなり衝撃的である。メキシコの先住民にとって「車輪」は乳幼児をあやす玩具のためのテクノロジーだった。これは、決して彼らの発想が貧困だったからではなく、先述した「同時代の社会、経済、文化などの諸条件」「それらが複雑に絡み合った時代の状況」、そして、「同時代に生きる人々の意識せざる欲望」の地域差に過ぎない。

もちろん現代は地球全体を覆うインターネットの網の目によって地域差が急速に消滅する方向に進んではいるが、当然のことながら、どこでもすべての社会的諸条件が均一なわけではない。現金志向の強い私たち日本人は中国の大都市における急速なキャッシュレス化などを見ると呆然としてしまうし、シリコンバレーの貪欲な情報産業にＧＤＰＲ(General Data Protection Regulation＝一般データ保護規則)で対抗しようとする欧州の個人データに関する強い問題意識を日本人はなかなかイメージしにくい。

では、我が国において最新のデジタル技術がどんな領域で応用されることが望ましいのか……？　銀行員の人数を削減することだけが人工知能の用途ではないし、ランナーの走行距離を管理しやすくすることだけがウェアラブルコンピューターの目的でない。これまでどんな国家も経験したことがない少子高齢社会に突入する日本ならではのテクノロジーの活用があるはずだ。

ひとくちに「社会実装」と言っても、その「社会」の現況には地域差と独自性がある。私たちの「社会」がいまいかなる局面にあり、いかなる問題を抱えているのか……。テクノロジーが「実装」される肝心の「社会」をいま一度突き詰めて考え直してみる必要があるだろう。その結果、開発者が提示した「理想的な用途」の中から「現実的な用途」を選択するのは私たちユーザーなのだから。

## 「公開」よりも「秘匿」のテクノロジーが創造的になっていく

### より多く、より速く、より遠くに……というメディアの基本的特性

人間と「情報」との関係を考えるということは、不可避的に「メディア」を考えることでもある。何を媒介にして自分の意思を他者に伝達するのか……。つまりはコミュニケーションの手段に何を用いるのかということである。「メディア」は往々にして人間が発明する「テクノロジー」に依存するから、技術の進化と共にソフトウェア的な「メディア」もハードウェア的な「メディア」も、格納できる情報の容量、情報を送信する速度、情報を波及させる範囲を〝基本的に〟増大／加速／拡張させてきた（こうした「テクノロジー」と「メディア」の緊密な関係については、二〇一七年に刊行した筆者の前著『メディア、編集、テクノロジー』を参照していただければ幸いである）。

例えば人間が駆使する最大のソフトウェア的な「メディア」である言語はまず「話し言葉」として誕生し、人称の区別や時制の区分などを発達させながら含意できる情報の量を増やしつつ、やがて「書き言葉」が発明されることによって石や粘土板、パピルス、羊皮紙、紙などのハードウェア的な「メディア」に記

憶や記録を刻み、または記し、新たに空間的な拡散性と時間的な保存性を得た。

「メディア」は大別すると「記録メディア」と「通信メディア」に分類することができるけれども、携行可能な「記録メディア」はある意味で人間の移動と共に伝播する「通信メディア」と考えることもできるわけで、サミュエル・モールスによる「電信」、アレクサンダー・グラハム・ベルによる「電話」、グリエルモ・マルコーニによる「無線」といった十九世紀の電気による通信機器の登場を待たずとも、リアルタイムではない「通信メディア」は存在したと考えていい。さらに言ってしまえば、「トーキングドラム」や「狼煙」などはほとんどタイムラグのない原始的な「通信メディア」として機能していた。

一方、現代のデジタル技術を用いたさまざまなリアルタイムの「通信」は、同時に何らかの「メディア」への「記録」というプロセスが必ずといっていいほど付帯しており、そうした意味で「メディア」は常に重層的かつ多元的に折り重なり、いくつもの「メディア」が混ざり合いながら、私たちの複雑で高度な情報環境を形成していると言っていいだろう。

## 情報技術は常に「公開」と「秘匿」の二つの方向で進化してきた

さて、本稿のテーマは、冒頭、筆者があえて〝基本的に〟という保留をつけた事柄に関する話題である。

「情報」は〝基本的に〟より遠方まで到達し、より高速に伝達され、より長期に保存されることがよいと考えられている。実際、筆者も含めた現代のＩＴを基盤とする創造産業に携わる多くの人々は、自分たちの開発したサービスが海を越えて多くのユーザーに使用され、しかも一朝一夕に飽きられることなく、末長く利用されることを期待している。

それはそれでごくごく普通の心情だし、本書のテーマであるインターネットという「メディア」の特性は旧来とは比較にならないほどの時空の超越にあるわけだから、否定する気などさらさらないものの、「情報」は「より多くの人たちに同一のメッセージをくまなく届ける」という側面と、「限られた人たちだけに隠密裏にメッセージを届ける」という二つの側面があるということを忘れてはならないだろう。

つまり人間と情報との連綿たる歴史は、情報を「拡散させること」と「拡散させないこと」の両面において発展を遂げたということを今一度再確認する必要がある。先に〝原始的な「通信メディア」〟として挙げた「トーキングドラム」や「狼煙」なども、他部族との戦闘時などにおいては「暗号」としての要素が必須の条件となり、特定のアルゴリズムによって構成された情報を読み解くための「鍵」は同部族以外に漏洩してはならない。

「暗号」といえば二〇一四年に公開されたベネディクト・カンバーバッチ主演の映画『イミテーション・ゲーム／エニグマと天才数学者の秘密』（日本公開は二〇一五年）は、第二次世界大戦中にドイツ軍が用いた暗号「エニグマ」を、イギリスの天才数学者であるアラン・チューリングが解読するという史実に基づいた物語だが、「エニグマ」は情報をエンコードするためのアルゴリズムが毎日変更されてしまうため、漏洩した情報をたとえ解析できたとしても同一の「鍵」はもう翌日には適用することができない。しかし、チューリングはその複雑極まる「エニグマ」暗号のシステムを看破してしまった……。

余談ながらアラン・チューリングは、「チューリングマシン」をはじめとするコンピューター科学の分野における輝かしい業績を残したにも関わらず、同性愛者であることを告発され（当時のイギリスにおいて同性愛は違法であり性犯罪と見做された）、ホルモン投与治療という屈辱に耐え切れず服毒自殺を遂げたことはあまりにも有名である。

## 「情報の公開」が主役の時代から「情報の保守」が主役の時代へ

こうした情報の保守と盗用、秘匿と漏洩、管理と流出との戦いはインターネットによる情報爆発時代にも当然のことながら繰り広げられており、前者の意思が後者の欲望に敗北してしまったニュースは日々私たちのもとにニュースとして届けられる。

しかも、そうした騒動に国家さえ加担しているというにわかには信じ難い事件もあり、いまさら述べるまでもなく、二〇一三年のエドワード・スノーデンによる暴露騒動は全世界を震撼させた。米国家安全保障局（ＮＳＡ）と中央情報局（ＣＩＡ）の職員であった彼によれば、米国政府はシリコンバレーの大手ＩＴ企業の協力のもと、国際的な規模で市民の情報を追跡／傍受／収集していたというのだ。

以降も二〇一四年公開のドキュメンタリー映画『シチズンフォー スノーデンの暴露』（日本公開は二〇一六年）や、オリバー・ストーン監督による二〇一六年公開の映画『スノーデン』（日本公開は二〇一七年）といった作品が公開され、インターネットが不可避的に孕む〝個人の自由の拡大〟と〝個人の危機の増大〟はいまなお問い掛けられ続けている。

しかしこと日本に関しては、あらゆる資産、富、財産がデータ化される現代にあってもこの情報の保守、秘匿、管理に対する意識はあまり昂揚する気配が感じられない。筆者が二〇一六年十月に参加したベルリンにおける国際会議においては「あらゆる個人情報が国家や企業によって吸い上げられる現代において、いかにプライバシーを堅持できるか？」という課題は相当に切迫した論題として討議されていた。ところが我が国においてはどこかに「自分ごときの情報など流出したところで大したことはない」といった感覚や、「便利なサービスを享受できるのであれば多少の犠牲は仕方がない」といった諦念と共に等閑に付されがちだ。

もちろん、暗号化のテクノロジーや認証手続きの精緻化は日々進歩しているものの、セキュリティーはあくまでもバックエンドの技術であり、ユーザーが直接関与するフロントエンドの技術に対する関心のほうが格段に高いことは事実である。

とはいえ、インターネット第2四半世紀の文字通りキー（＝鍵）テクノロジーは、「情報の公開」に関するユーザーの参与から「情報の保守」に関するユーザーの参与へと移り変わっていくように思われる。いずれ近いうちに「しょせんはエンジニアだけが関係するバックエンドのテクノロジー」という認識は転換を迫られざるを得ないだろう。具体的にはデータ化される対象が貨幣になるとき、いわゆるＦｉｎｔｅｃｈ（Financial Technology）が生活の中に日常的に入り込んできたときがそのタイミングなのではないか？　その際、日本人の「情報の権利」にまつわる意識の希薄さ、薄弱さは少なからず問題になるはずだ。

## 日本人と「鍵」の文化、そして「ブロックチェーン」の可能性

文化人類学者の石田英一郎氏は一九六五年に成城大学で行われた講演記録である『日本文化論』（ちくま文庫）の中で、ヨーロッパからユーラシア大陸を横断し、中国、そして朝鮮半島を経由して日本に導入された文物はあまたある中、どういうわけかまったく定着しなかった事柄として「雄弁術・弁論術」と「宦

官制度」、そして「庶民生活における鍵の文化」を挙げている。以下、『日本文化論』から該当部分を引用しよう。

それから私は、「鍵」という問題を考えています。西洋の生活をみていると、ホテルでもどこでも、鍵というものが絶対の条件になっています。ヨーロッパを旅して中世の古い家、博物館、あるいは古代の建造物ののこっているものをみると、実に厳重な鍵によって各部屋がしきられる仕組みになっています。鍵の発達には、実に驚くべきものがあります。この鍵でしきるという文化が、私は西洋の文明を非常に特徴づけていると思います。（中略）

それでは、日本の生活においてはどうでしょうか。もちろん正倉院御物などに調度品としての鍵はあります。これは中国からはいったものです。また、日本の城その他で鍵の使用がみとめられるところがあります。それでは一般の市民、とくに農村生活においてはどうでしょう。いちいち家や部屋に鍵をかけるという観念は、私の乏しい知識では日本の農村においては非常に少ないようです。ヨーロッパのように発達した鉄の鍵は、日常生活ではそれほど使用されていません。ことに部屋と部屋の仕切りがふすまと障子の生活においては、鍵というものは用いられません。

確かに日本人にとっていちいち用心深く「鍵」をかけるという行為はどこか他者への不信を感じさせるし、過剰な護身や不要な防御として映るところがあり、あまり好ましいイメージを持っていない。谷崎潤一郎は一九五六年に『鍵』（新潮文庫）という小説を発表しているが、同作は夫婦それぞれの満たされぬ性欲を綴った秘密の日記を、それが収められた棚の「鍵」をわざと目に見える場所に放置することによって、作為的かつ意図的に盗み見させるという倒錯した心理が描かれている。つまり、「鍵」は秘匿していることを知らせ公開したいという欲望をほのめかすための、パラドキシカルな符牒としての役割を付託されているわけだ。

こうした日本人の「鍵」に対する心性は、先述の「個人情報」や「プライバシー」に対する不可解な無関心や不条理な寛容性に一脈通じるものがあるかもしれない。しかし、インターネット第２四半世紀においてはこの観念はかならずや変容を迫られる。インターネット第１四半世紀にはデジタルテクノロジーと最も疎遠な領域と思われていたファッションとスポーツが、今後のデジタルクリエイティブの最前線となるように、これまでバックエンドの専門分野と考えられていたセキュリティーにまつわる技術が一躍フロントエンドに浮上してくるだろう。今後はこれまで単に機械的、形式的、事務的なものだった認証プロセスが、デジタルテクノロジーを用いたクリエイティブの新たな主戦場となるはずである。

その牽引役となるのは……、ほかでもない、「ブロックチェーン」である。このＰ２Ｐネットワークによる自律分散システムというインターネットの特質を最大限に生かしたまったく新しい信用担保システムは、Ｂｉｔｃｏｉｎに特化したＦｉｎｔｅｃｈの文脈を大きく超えて、インターネット第２四半世紀にふさわしい私たちの資産、富、財産の保守、秘匿、管理を実現していくかもしれない。いまはまだテクノロジーの仕組みだけが先行して取り沙汰されているような段階だが、やがて「ブロックチェーン」は私たちの生活の深層に着実に根を下ろしていくことになるだろう。

# インターネット第2四半世紀が生んだブロックチェーンの真価

## 繋がりすぎた私たち、発信しすぎた私たち、共有しすぎた私たち

明治三十九年（一九〇六年）に発表された夏目漱石の『草枕』（新潮文庫）の冒頭は、誰もが知っている有名な書き出しで始まる。「山路を登りながら、こう考えた。智に働けば角が立つ。情に棹させば流される。意地を通せば窮屈だ。とかくに人の世は住みにくい」。

〝ゆらぎ〟を排除した安易な一貫性や〝あいだ〟を無視した虚偽の連続性は、他者との関係や自己との対話において柔軟性を欠いた「こわばり」を生む。私たちは常に安定的な恒常性を夢見つつも、決して地に脚を着けることができない宙吊り状態の中で、あがいたりもがいたりしつつ右往左往を繰り返すしかない。

こうした人間のいかんともしがたい宿命を、哲学者の鷲田清一氏は名著『モードの迷宮』（ちくま学芸文庫）の中で以下のように表現している。

わたしたちは、〈過少〉から〈過剰〉へと、あるいは逆に〈過剰〉から〈過少〉へと、たえず駆りたてられながら、そのどちらの極点にもとどまることができないものらしい。

同じように、わたしたちには、あまりに大きな音もあまりに小さな音も、どちらもよく聞こえない。多すぎる光のなかでも少なすぎる光のなかでも、遠くに離れすぎても近くに寄りすぎても、ものは見えない。長すぎる話も短すぎる話も、うまく理解できない。

このように、二つの深淵にはさまれ、たえず一方の極へと押しやられながら、行き着くことができないまま反対の極に向かって押しもどされ、結局はその中間に漂うしかない。

情報の〈過剰〉に翻弄されつつ生きる現代の私たちは、いま、どんなあがきやもがき、右往左往を繰り返しているだろうか……？　もちろん人によって捉え方の違いはあるにせよ、インターネット第１四半世紀の私たちは総じてソーシャルメディアなどを媒介に〈過剰〉に繋がり、〈過剰〉に発信し、あらゆるものを〈過剰〉に共有してきた。

そして、繋がりすぎた結果として人間関係に煩わされ、発信しすぎた結果として誰かの意見に憤り、自らの発言の炎上に怯え、共有しすぎた結果としてプライバシーの喪失とアイデンティティーの動揺に悩まされている。

## 情報の〈過剰〉にも、情報の〈過少〉にも止まれないジレンマ

従ってインターネット第2四半世紀に突入した私たちは、この〈過剰〉をどこかで食い止めたい、もしくは多少なりとも抑制できれば……と感じ始めている。しかし、インターネットが私たちにとってもはや自己と分離できない「自然」となり「血肉」となった現状では、〈過剰〉への批判や反省、警告も繋がっている人々に向けて発信され、共有されるしかないという自己言及のパラドックスにすぐさま取り込まれてしまう。

「オートポイエーシス」理論の提唱者として知られるウンベルト・マトゥラーナとフランシス・バレーラは『知恵の樹——生きている世界はどのようにして生まれるのか』(ちくま学芸文庫)の中で、マウリッツ・コルネリス・エッシャーの有名なだまし絵を引き合いに出しつつ、こんなことを言っている。

なぜ人は自分の認識の根に触れることを避けるのか、ということの理由のひとつは、おそらくそうすることが、〈分析の道具そのものを分析するために当の分析の道具を使用すること〉が必然的にともなう円環性によって、かすかなめまいのような感覚をひきおこすからだろう。まるで眼にむかって、自分のことを見てみたまえ、といっているようなものだ。図6はオランダのアーティスト、M・C・エッ

シャーによるスケッチだが、それはこのめまいをはっきりとしめしてくれる。プロセスのはじまりがどこなのかわからないようなぐあいにして、手と手がおたがいを描きあっている。いったいどちらが、「ほんものの」手なのだろうか？

マトゥラーナとバレーラが指摘した「めまい」は、まさに現代の私たちが情報の〈過少〉の中に引き篭もることもできず、かといって、情報の〈過剰〉に対する批判が逆に〈過剰〉を加速／促進させてしまうという逃げ場のなさに似ている。

そうこうしている間にも私たちの生活の一切の履歴は大手のＥＣサイトやスマホのＧＰＳやウェアラブルデバイスによって収集され、「自分が調べたいと思っているのか、Ｇｏｏｇｌｅによって調べたいと思わされているのか」「自分が楽しみたいと思っているのか、Ａｐｐｌｅによって楽しみたいと思わされているのか」「自分が繋がりたいと思っているのか、Ｆａｃｅｂｏｏｋによって繋がりたいと思わされているのか」「自分が欲しいと思っているのか、Ａｍａｚｏｎによって欲しいと思わされているのか」が極めて不明瞭な（いわゆる「ＧＡＦＡ」の寡占的支配構造）、あたかも先に挙げたエッシャーのスケッチのような状態にズブズブとはまり込んでいく。

## 未来を占うための解は〝あいだ〟と〝ゆらぎ〟の中に隠されている

こうした〈過少〉にも〈過剰〉にも居直れず、〝進むことも避けられなければ退くことも叶わない〟という悩ましい閉塞状況を私たちはどう突破していけばいいのだろうか？　そもそも突破することなどはたして可能なのだろうか？

ひとつ確実に予測できるのはあらゆる面であやふやになってしまった「私」の最後の砦としての「身体」、他の誰でもない確たる「私」を物質として保証してくれる「身体」、内部と外部を劃然と隔てる皮膚という境界を持った「身体」へのノスタルジーが俄然高まっていくだろうということである。私たちは再び、リアルな世界での「身体」に目を向け始めるに違いない。

いささか余談めいて聞こえるかもしれないが、こうした境界を持った「身体」への回帰は個別的な「身体」という感覚を超えて、集団、民族、国家という集合的な「身体」への意識も覚醒させていくだろう。「Brexit」（イギリスのEUからの離脱）の問題にしても、ドナルド・トランプが唱え続けているメキシコ国境の壁にしても、我が国における醜悪で低劣なヘイトスピーチの類いにしても、どことなく、インターネットがもたらした内部と外部の融解を力ずくで押し留め、もう一度内部と外部の境界を再確立／再確定したいという欲求と一脈通じている現象のような気がしてならない。

しかし、先に引用した鷲田氏の言葉を借りるならば、私たちは「どちらの極点にもとどまることができない」存在であり、「たえず一方の極へと押しやられながら、行き着くことができないまま反対の極に向かって押しもどされ、結局はその中間に漂うしかない」わけだから、未来を占うためのヒントは「楽天的な外部への拡張」と「反動的な内部への収斂」のいずれの極にも存在せず、むしろその〝ゆらぎ〟と〝あいだ〟の中に見え隠れしているのではないか？

本書の他の稿で筆者は「インターネット第2四半期では、人間と情報、社会と情報、そして社会と人間の関係を考察する際の問題の定立の仕方自体の変更を迫られることがしばしば生起してくるだろう」と述べているが、これはただただ混乱と混迷だけが支配する世界が到来することを意味しない。情報の〈過剰〉がある臨界点にまで達したとき、そこに突如として、情報の〈過少〉への反動的な逆行ではない何かポジティブな新局面が立ち現れてくるだろう。

## 「情報」のインターネットから「価値」のインターネットへ

人々が繋がり、発信し、共有することによってしか実現されないインターネット第2四半期にふさわしい新しい世界の仕組み……。筆者はそれこそが分散型台帳技術＝「ブロックチェーン」であり、同テクノロジーにこそ、「繋がり、発信し、共有すること」を肯定しながら、新しいネットワークの理想形を再探求できる契機が内包されているのではないかと考えている。

「ブロックチェーン」の可能性に言及した書物や記事にはかならず「これまでのインターネットは結局のところ中央集権型のネットワーク構造を脱し切れていなかった。しかし、ブロックチェーンは本当の意味での自律分散型ネットワークなのだ」という謳い文句が掲げられているが、そうした認識は決して間違ってはいないものの、どことなくインターネット黎明期に喧伝されたヴィジョンの楽天的なリバイバルという感が否めなくもない。まだまだ現実化されていない可能性を多分に含んだ「ブロックチェーン」に対しては、もっともっと多様な角度からの考察が必要だろう。

ひたすら膨張しひたすら拡充し続けることでさまざまな価値を転覆させてきた「インターネット第1四半期」を通過し、私たちはいま、膨張／拡充によって犠牲にしてきたプライバシーやアイデンティティーを、今度は膨張／拡充によって保証できる技術の次元＝「インターネット第2四半期」に突入したと言っていい。これまで背反する要素と考えられていた「公開」と「秘匿」がその極点の狭間で劇的な融合を遂げるテクノロジー……。それこそが「ブロックチェーン」であり、「インターネット第2四半期」には従来のレベルをはるかに超えた大きな価値が崩壊する。

別項でも紹介しているユヴァル・ノア・ハラリの『サピエンス全史 文明の構造と人間の幸福』（河出書

房新社刊）から、ここでは別の個所を引用してみよう。

近代国家にせよ、中世の教会組織にせよ、古代の都市にせよ、人間の大規模な協力体制は何であれ、人々の集合的想像の中にのみ存在する共通の神話に根差している。（中略）とはいえこれらのうち、人々が創作して語り合う物語の外に存在しているものは一つとしてない。宇宙に神は一人もおらず、人類の共通の想像の中以外には、国民も、お金も、人権も、法律も、正義も存在しない。

「原始的な人々」は死者の霊や精霊の存在を信じ、満月の晩には毎度集まって焚き火の周りでいっしょに踊り、それによって社会秩序を強固にしていることを、私たちは簡単に理解できる。だが、現代の制度がそれとまったく同じ基盤に依って機能していることを、私たちは十分理解できていない。

ホモ・サピエンスが他のホモ属を駆逐できた最強の武器……、それは人々を結束させ強固な集団を形成するための「虚構」の創造能力である。「インターネット第2四半期」における「ブロックチェーン」は、「インターネット第1四半期」にはぼんやりとした疑問符しか提示できなかった「貨幣」や「信用」といった「虚構」、そして、それらを長らく担保してきた巨大な「組織」といったものを本格的に動揺させるだろう。

ドン・タプスコット&アレックス・タプスコットが『ブロックチェーン・レボリューション――ビットコインを支える技術はどのようにビジネスと経済、そして世界を変えるのか』（ダイヤモンド社）の中で記した以下の一文が、こうした世界の変容を的確に表現している。「インターネット第1四半期」と「インターネット第2四半期」との差異は、情報の「量的な増大」に伴う情報の「質的な変化」がその中核なのである。

従来の「情報のインターネット」に対して、ブロックチェーンは「価値とお金のインターネット」だと言えるだろう。

# おわりに

私事で恐縮だが、二〇一九年の四月から新たにスタートを切った専門職大学制度の初年度開学校、国際ファッション専門職大学に専任の教授として着任した。すでにご存知の方も多いとは思うけれども、専門職大学は一九六四年に短期大学制度が導入されて以来五十五年ぶりとなる新たな大学制度である。初年度に関しては文科省への設置申請は実に十七校あったが、許認可が下りたのはわずかに三校のみ（四年制二校、短大一校）。準備不足の大学も多かったと聞くが、それなりに厳しい設置基準であったと言っていい。

インターネットがその原動力とも推進力ともなったグローバル経済が世界をくまなく覆い尽くし、国内市場が人口減少や少子高齢化の中で縮小を余儀なくされている現在、ただ単に外国語を習得して世界に打って出ましょうということではなく、もう一度この国の文化や産業の独自性、優位性を根本的に見つめ直し、既存の産業が拠って立つ基盤を抜本的かつ構造的に作り直していくという作業は焦眉の課題である。専門職大学制度はそんな状況を受けて構想された（と、少なくとも筆者はそう解釈している）。

要はあらゆる常識や価値や方法の再創造である。もはや旧来の認識や思考のフレームの中から生み出された発想で未来を切り拓くことは難しい。私たちにいま求められているのは、古い問いに対する答えをがむしゃらに探し当てようとすることではなく、問いそのものを新しく立て直すということではないのか？
本書に掲載する原稿の加筆修正をしている最中、作業が煮詰まるとしばしばパソコンから離れ、哲学者・鷲田清一氏の『濃霧の中の方向感覚』(晶文社)を読んでいたのだが、その序文に以下のような一節があった。まさに現在の私たちが置かれた状況を的確に表現した見事な文章である。

先が見えないと、ひとは言う。視界が遮られているかのような思いが、人びとのなかでつのりつつある。そうも言えそうだが、でもほんとうに先が見えないのか。未来はそれほど不確定なのか。この時代の塞ぎの理由はじつは逆ではないのか。
未来が不確定なのではなくて、ある未来が確実に来ることがわかっていながら、それにどう対処したものか、どこから手をつけたらいいのか、見当がつかないことが、そうした塞ぎの理由ではないのか。

誰もが早急に解決策を求める時代、誰もが安直に対処法を語る時代……、私たちは少しでも明朗な視界を得ようと必死に走り続けている。速く走れば、早く楽になれると思っている(そう信じようとしている)。しかし、実際は、むしろ、その逆ではないのか？　先の言葉に続けて鷲田氏はこう綴っている。

必要なのは、わたしたち一人ひとりが、できるだけ長く、答えが出ない、出せない状態のなかにいつづけられる肺活量をもつこと、いってみれば、問えば問うほど問題が増えてくるかに見えるなかで、その複雑性の増大に耐えうる知的体力をもつこと。

安易な結論＝短絡に陥ることなく着地を自ら禁じ続けること、単純化の誘惑に抗いつつ複雑性をそのままに受け止めること……。いま、私たちの周囲には既存のビジネスモデルを改変／刷新するどころか、既存の人間観や既存の幸福感にまでも変更を迫るテクノロジーが充溢しているけれども、それらに内在する本質をいかに見定めるか、適用する領域をいかに見極めるか、そして、そのポテンシャルをいかに引き出していくかは必須の要件となるだろう。

そうした入念かつ丹念な検証を行う上での下準備でもあり大前提ともなるのは、今後私たちの社会に実装されていくであろうあらゆるテクノロジーの基盤となるインターネットの捉え直しである。しかし、その作業は決して容易ではない。なぜなら、普及後、四半世紀以上を経たインターネットは幾多の課題を内包しながらも多くの人々にとってほとんど意識されない当たり前の「環境」になりつつあるからだ。従って、インターネットが完全な環境として私たちの生活に溶け込み切ってしまう直前のまさにいま、この地球規模の情報網を多様な角度から再考察する必要がある。

本書の中でもすでに二〇一八年五月から施行されているEUの「GDPR」（一般データ保護規則）について触れている稿があるが、「インターネット再考」の機運というか風潮は、これからあちらこちらで顕在化してくるような気がしてならない。二〇一九年四月にも、「GDPR」ほどの大英断ではないにせよ、写真共有サービス「Instagram」が「いいね！」数の一般公開を中止するかもしれないという報道があった。これも「いいね！」数の獲得のためにユーザーのモチベーションがどこかおかしなものになりつつあるという危惧が働いての方針変更だろう。

そうした動向と同期するような絶妙のタイミングで本書を刊行できることは、筆者にとってもこのうえなく喜ばしいことである。二〇二〇年の春からは移動体通信網の規格がいよいよ「5G」へとバージョンアップされる。そのとき、私たちとインターネットとの関係はさらなる加速度と緊密度をもって新たな様態へと更新されるだろう。インターネット黎明期のさまざまなヴィジョンが楽観的な夢想だったのか、はたまた、実現へと向けてまだまだ努力されるべき目標たり得ているのか、私たちはその答えを探すべく、思考と議論を続けていかなければならないだろう。

こうして筆者にとっての二冊目の本を上梓することができたのは、まず何よりも、連載記事の掲載メディアであった「ZDNet Japan」で編集を担当してくださった山田竜司さんのおかげである。山田さんはその後「ビジネス＋ＩＴ」へと移られたのだが、そこで再び別の連載として筆者に執筆の場を提供してくださった。本書には「ZDNet Japan」での連載十四本に加えて、「ビジネス＋ＩＴ」における記事四本も追加収録している。山田さんにはこの場を借りて多大なる感謝の意を表したい。

さらには日本大学芸術学部文芸学科と横浜美術大学美術・デザイン学部において筆者の散漫かつ冗長な話に付き合ってくれた現役の学生諸君、および両校の卒業生たちにも感謝である。原稿の執筆はいつも授業についての思案と共にあった。今後はそこに国際ファッション専門職大学が新たに迎えた学生たちから得る触発が加わっていくことだろう。

そして大学卒業後も三十年近くお付き合いいただき、ともすると視野狭窄に陥りがちな筆者の興味関心を常に押し拡げ続けてくださった二人の恩師、山本雅男先生と武邑光裕先生に改めて深謝である。お二人からの不断の教示なくして本書の成立はなかっただろう。最後に父と母、妻、二匹の猫、そして、友人たちにどうもありがとう。

二〇一九年五月五日

高橋幸治

## 【初出一覧】

### 〈インターネット第1四半世紀から第2四半世紀へ〉

インターネットの次なる四半世紀に必要な「三つのエコロジー」
「ZDNet Japan」二〇一六年九月三十日掲載
創造産業の時代から予測産業の時代へ
「ZDNet Japan」二〇一六年十二月三日掲載
プライバシーという「資源」、そして二十一世紀の環境破壊問題
「ビジネス+IT」二〇一九年三月六日掲載
テクノロジーの社会実装と、社会という生体の免疫システム
「ZDNet Japan」二〇一八年二月二十四日掲載

### 〈過渡期における諸問題〉

「Post-truth」は「そもそも真実とは何か?」が問い直される時代
「ZDNet Japan」二〇一七年二月十八日掲載
現代は情報過多の時代ではなく、情報不足の時代だった!?
「ビジネス+IT」二〇一八年九月二十八日掲載
人類独自の「知性」とAI固有の「知性」
「ZDNet Japan」二〇一七年九月二日掲載
公共圏と無関心——コミットメントとデタッチメント——

「ビジネス＋ＩＴ」二〇一八年七月十九日掲載

**〈インターネットイメージの刷新〉**

「インターネット的生命」と「生命的インターネット」
「ZDNet Japan」二〇一六年十一月十二日掲載

点ではなく線（＝糸）としての人間、織物としてのインターネット
「ZDNet Japan」二〇一七年四月一日掲載

インターネットは情報の「大海」ではなく「沿岸」である
「ZDNet Japan」二〇一七年五月三日掲載

「結果」ではなく「過程」こそがインターネットの最大の価値
「ZDNet Japan」二〇一七年十月七日掲載

**〈イノベーションのための新たなパースペクティブ〉**

イノベーションは既存のテクノロジーの「編集」によって生まれる
「ZDNet Japan」二〇一六年十月九日掲載

フィルターバブルを乗り越える「ディープ・ハイパーリンク」
「ビジネス＋ＩＴ」二〇一八年六月十八日掲載

サイエンスとアートのハイブリッド的視座
「ZDNet Japan」二〇一七年十二月十六日掲載

テクノロジーにおける「開発意図」と「使用用途」との乖離

「ZDNet Japan」二〇一八年四月七日掲載
「公開」よりも「秘匿」のテクノロジーが創造的になっていく
「ZDNet Japan」二〇一七年六月二十四日掲載
インターネット第2四半世紀が生んだブロックチェーンの真価
「ZDNet Japan」二〇一七年八月五日掲載

## 【参考文献】

網野善彦『海民と日本社会』（新人物文庫）
石田英一郎『日本文化論』（ちくま文庫）
木澤佐登志『ダークウェブ・アンダーグラウンド 社会秩序を逸脱するネット暗部の住人たち』（イースト・プレス）
加藤秀俊『メディアの発生――聖と俗をむすぶもの』（中央公論新社）
五来重『熊野詣 三山信仰と文化』（講談社学術文庫）
坂部恵『かたり――物語の文法』（ちくま学芸文庫）
高橋幸治『メディア、編集、テクノロジー』（クロスメディア・パブリッシング）
武邑光裕『さよなら、インターネット――GDPRはネットとデータをどう変えるのか』（ダイヤモンド社）
多田富雄『免疫の意味論』（青土社）
谷崎潤一郎『鍵・瘋癲老人日記』（新潮文庫）
寺田寅彦『寺田寅彦随筆集』（岩波文庫）

中上健次『紀州 木の国・根の国物語』(角川文庫)
中村浩『資源と人間 発見・略奪・未来』(現代教養文庫)
中谷宇吉郎『寺田寅彦 わが師の追想』(講談社学術文庫)
夏目漱石『吾輩は猫である』(新潮文庫)
夏目漱石『草枕』(新潮文庫)
夏目漱石『三四郎』(新潮文庫)
夏目漱石『漱石書簡集』(岩波文庫)
夏目漱石『漱石文明論集』(岩波文庫)
野口悠紀雄『ブロックチェーン革命 分散自律型社会の出現』(日本経済新聞出版社)
細川周平『レコードの美学』(勁草書房)
松岡正剛 ドミニク・チェン『謎床 思考が発酵する編集術』(晶文社)
宮澤賢治『インドラの網』(角川文庫)
吉見俊哉『「声」の資本主義』(講談社)
鷲田清一『モードの迷宮』(ちくま学芸文庫)
鷲田清一『濃霧の中の方向感覚』(晶文社)
ハンナ・アーレント『人間の条件』(ちくま学芸文庫)
ホルへ・ルイス・ボルヘス『続審問』(岩波文庫)
ピーター・バーク『知識の社会史──知と情報はいかにして商品化したか』(新曜社)
テッド・チャン『あなたの人生の物語』(ハヤカワ文庫)

ダニエル・C・デネット『解明される意識』(青土社)
ジャレド・ダイヤモンド『銃・病原菌・鉄』(草思社)
ウンベルト・エーコ『前日島』(文藝春秋)
ジョリー・F・ファーガス『非言語コミュニケーション』(新潮選書)
フェリックス・ガタリ『三つのエコロジー』(平凡社ライブラリー)
ジョン・R・ギリス『沿岸と20万年の人類史「境界」に生きる人類、文明は海岸で生まれた』(一灯社)
ジェイムズ・グリック『インフォメーション──情報技術の人類史』(新潮社)
ユルゲン・ハーバーマス『公共性の構造転換──市民社会の一カテゴリーについての探求』(未來社)
ユヴァル・ノア・ハラリ『サピエンス全史 文明の構造と人間の幸福』(河出書房新社刊)
ユヴァル・ノア・ハラリ『ホモ・デウス テクノロジーとサピエンスの未来』(河出書房新社)
ヴィクトル・ユゴー『ノートル＝ダム・ド・パリ』(岩波文庫)
ティム・インゴルド『ラインズ 線の文化史』(左右社)
ジェイン・ジェイコブズ『アメリカ大都市の生と死』(鹿島出版会)
ケヴィン・ケリー『〈インターネット〉の次に来るもの 未来を決める12の法則』(NHK出版)
レイ・カーツワイル『ポスト・ヒューマン誕生 コンピュータが人類の知性を超えるとき』(NHK出版)
ジョン・マン『グーテンベルクの時代 印刷術が変えた世界』(原書房)
ウンベルト・マトゥラーナ フランシス・バレーラ『知恵の樹──生きている世界はどのようにして生まれるのか』(ちくま学芸文庫)
マーシャル・マクルーハン『メディア論』(みすず書房)
マーヴィン・ミンスキー「心の社会」(産業図書)

フリードリッヒ・ニーチェ『権力への意志』(ちくま学芸文庫)
フリードリッヒ・ニーチェ『悦ばしき知識』(ちくま学芸文庫)
イーライ・パリサー『閉じこもるインターネット——グーグル・パーソナライズ・民主主義』(早川書房)
マイケル・ポランニー『暗黙知の次元』(ちくま学芸文庫)
ロバート・D・パットナム『孤独なボウリング——米国コミュニティの崩壊と再生』(柏書房)
ドン・タプスコット アレックス・タプスコット『ブロックチェーン・レボリューション——ビットコインを支える技術はどのようにビジネスと経済、そして世界を変えるのか』(ダイヤモンド社)
ルードヴィヒ・ウィトゲンシュタイン『論理哲学論考』(岩波文庫)
リチャード・S・ワーマン『それは「情報」ではない。——無情報爆発時代を生き抜くためのコミュニケーション・デザイン』(エムディエヌコーポレーション)

**著者プロフィール**

**高橋 幸治　Koji Takahashi**

1968年生。日本大学芸術学部文芸学科卒業後、92年、電通入社。CMプランナー／コピーライターとして活動したのち、95年、アスキー入社。2001年から2007年まで、Macとクリエイティブカルチャーをテーマとした異色のPC誌「MacPower」編集長。2008年、独立。以降、紙媒体だけに限定されない「編集」をコンセプトに、デジタル／アナログを問わず企業のメディア戦略などを数多く手がける。国際ファッション専門職大学国際ファッション学部教授。日本大学芸術学部文芸学科非常勤講師。著書『メディア、編集、テクノロジー』（クロスメディア・パブリッシング刊）のほかにも、IT分野を中心としたメディア批評を多数執筆。

Rethink Internet：インターネット再考

2019年11月27日　第1刷発行

著　者　高橋　幸治　
発行者　池上　淳
発行所　株式会社　**現代図書**
〒252-0333　神奈川県相模原市南区東大沼 2-21-4
TEL　042-765-6462（代）　FAX　042-701-8612
振替口座　00200-4-5262　ISBN 978-4-434-26718-5
URL　https://www.gendaitosho.co.jp
E-mail　contactus_email@gendaitosho.co.jp
発売元　株式会社　**星雲社**
〒112-0005　東京都文京区水道 1-3-30
TEL　03-3868-3275　FAX　03-3868-6588

印刷・製本　モリモト印刷株式会社